Rotes Heft/Ausbildung kompakt 212

Mobiler Rauchvers

von

Prof. Dr.-Ing. Michael Reick

Kreisoberbrandrat

Kreisbrandmeister des

Landkreises Göppingen

4., überarbeitete und erweiterte Auflage 2015

Verlag W. Kohlhammer

Wichtiger Hinweis

Der Verfasser hat größte Mühe darauf verwendet, dass die Angaben und Anweisungen dem jeweiligen Wissensstand bei Fertigstellung des Werkes entsprechen. Weil sich jedoch die technische Entwicklung sowie Gesetze, Normen und Vorschriften ständig im Fluss befinden, sind Fehler nicht vollständig auszuschließen. Daher übernehmen der Autor und der Verlag für die im Buch enthaltenen Angaben und Anweisungen keine Gewähr.

Bildnachweis: Fa. B.S. Belüftungs-GmbH (3–5, 23), Feuerwehr Bad Mergentheim (39), Feuerwehr Bad Wildbad (40), Feuerwehr Heilbronn (37, 49), Feuerwehr Ratingen (35, 38), Feuerwehr Reutlingen (30), Feuerwehr Mödling (41), Feuerwehr Stuttgart (25), Feuerwehr Würzburg (52), J. Kunkelmann (20). Alle übrigen Bilder stammen vom Autor.

4., überarbeitete und erweiterte Auflage 2015

Gesamtherstellung: W. Kohlhammer GmbH, Stuttgart

ISBN 978-3-17-026264-5

Inhaltsverzeichnis

Vorbemerkungen

Zur Menschenrettung und zur Brandbekämpfung müssen Einsatzkräfte der Feuerwehr in Gebäude eindringen. Hierzu müssen sie Türen öffnen und ermöglichen damit häufig erst die **Ausbreitung von Brandrauch.** Besonders kritisch ist dies, wenn dadurch Rauch in den Treppenraum eindringt und infolgedessen **Rettungswege verrauchen** und weitere **Menschen in Gefahr** gebracht werden. Mit Brandversuchen und Brandsimulationsrechnungen wurde im Jahr 2005 nachgewiesen, dass der Einbau von »mobilen Rauchverschlüssen« durch Einsatzkräfte der Feuerwehr diese Gefahren deutlich reduzieren kann – ohne die Grundsätze der Einsatztaktik ändern zu müssen. Aufgrund der einfachen Anwendung haben sich mobile Rauchverschlüsse innerhalb von nur zehn Jahren zu einem Standardgerät vieler Feuerwehren entwickelt und können daher nahezu flächendeckend eingesetzt werden. Dies kann die **Menschenrettung erleichtern** und damit Feuerwehreinsätze einfacher und sicherer machen. Darüber hinaus ist bei kleineren Bränden die **Vermeidung von Sachschäden** ein wichtiges Thema für die Feuerwehren. Dieses Rote Heft stellt den »mobilen Rauchverschluss für die Feuerwehr« vor und erklärt die richtige Anwendung in der Praxis.

Brandrauch in Gebäuden stellt eine Gefahr für alle im Gebäude befindlichen Personen dar. Um dieser Gefahr zu begegnen, versuchen die Feuerwehren die Luftströmungen in einem Gebäude derart zu beeinflussen, dass Brandrauch und Hitze möglichst schnell und effektiv aus dem Gebäude entfernt werden kann. Hierzu wird überwiegend die so genannte **»Überdruckbelüftung«** angewendet. Diese Überdruckventilation **kann durch einen mobilen Rauchverschluss sinnvoll ergänzt, wesentlich vereinfacht und deutlich wirkungsvoller durchgeführt werden.** Das vorliegende Rote Heft verdeutlicht – zugeschnitten auf die Ausbildung in der Feuerwehr – die Wirkungsweise der Überdruckventilation und die Vorteile, wenn dieses Verfahren in Kombination mit einem mobilen Rauchverschluss angewendet wird.

Besonderen Gefahren sind die Einsatzkräfte der Feuerwehr beim Öffnen von Türen ausgesetzt. Die Phänomene **»Flash-over«** und **»Backdraft«** werden in diesem Roten Heft leicht verständlich vorgestellt. Es wird die richtige Vorgehensweise im Brandeinsatz erklärt, mit der diese Gefahren besser beherrscht werden können. Oberstes Ziel ist hierbei zunächst, dass diese gefährlichen Situationen erkannt werden und die Eintrittswahrscheinlichkeit bzw. bei Eintritt das Schadensausmaß minimiert wird.

Ergänzt durch typische Einbausituationen und Einsatzbilder soll dieses Rote Heft dazu dienen, die Ausbildung für die richtige Anwendung des mobilen Rauchverschlusses zu unterstützen. Der Rauchverschluss ist schnell eingebaut, dennoch ist bei seiner Anwendung einiges zu beachten. Insbesondere die »Türöffnungsprozedur« zu einem Brandraum ist eine gefährliche Angelegenheit im Feuerwehralltag. **Dieses Rote Heft soll den Einsatzkräften der Feuerwehr zeigen, wie durch die richtige Verwendung eines mobilen Rauchverschlusses ein Brandeinsatz sicherer und effektiver durchgeführt werden kann.**

1 Einführung

1.1 Taktische Grundsätze beim Brandeinsatz in Gebäuden

Der wohl am häufigsten von der Feuerwehr verwendete **Angriffsweg zu einer Brandstelle** in einem mehrgeschossigen Gebäude führt **über den Treppenraum**. Da dieser Angriffsweg gleichzeitig auch der Rettungsweg für fliehende Personen ist, hat diese Vorgehensweise viele Vorteile, aber auch Nachteile, die von den Einsatzkräften klar erkannt werden müssen.

Vorteilhaft ist, dass dieser **Angriffsweg** für die Einsatzkräfte relativ sicher, einfach zu finden und meist ohne weiteren Zeitverzug zu nutzen ist. Da flüchtende Personen den Einsatzkräften entgegen kommen, kann die Selbstrettung von Personen durch die Einsatzkräfte gezielt unterstützt werden. Weiterhin werden Personen, die sich noch selbst in Sicherheit bringen wollten, es jedoch nur noch in den Treppenraum geschafft haben, so am schnellsten aufgefunden.

Ein sehr gravierender Nachteil dieser Vorgehensweise der Feuerwehr ist jedoch darin zu sehen, dass ein über den Treppenraum vorgetragener Löschangriff durch das erforderliche Öffnen von Türen den wichtigsten **Rettungsweg** für fliehende Menschen massiv gefährdet. Mit dem Öffnen von Türen durch die Feuerwehr wird nämlich oft erst eine Rauchausbreitung in den Treppenraum ermöglicht.

Im Roten Heft Nr. 9 [1] wird ausführlich begründet, weshalb das Vorgehen über den Treppenraum dennoch zu bevorzugen ist. Die in einzelnen Kapiteln ausgeführten Stichworte hierzu sind:

1. Treppenraum sichern!
2. Treppenraum entrauchen und rauchfrei halten!
3. Treppenraum nach Personen absuchen!
4. Brandausbreitung auf Treppenraum verhindern!

Merkregeln für den Gruppenführer:

1. Der Treppenraum ist der beste und wichtigste Rettungs- und Angriffsweg.
2. Soweit eine eigene Erkundung nicht gefahrlos möglich ist, muss unverzüglich ein Angriffstrupp zur ERKUNDUNG in den Treppenraum geschickt werden. Ein Einsatzauftrag, der das Öffnen von Türen zum Brandbereich erfordert, sollte nach Möglichkeit immer erst nach Abschluss einer umfassenden Erkundungsphase erteilt werden.
3. Das Öffnen von Türen kann den Treppenraum verrauchen und damit weitere Personen in Gefahr bringen. Daher sind hierfür entsprechende Gegenmaßnahmen durchzuführen.
4. Der Treppenraum wird für die Einsatzplanung nur dann aufgegeben, wenn er selbst in Brand steht (hölzerner Treppenraum in meist älteren Gebäuden oder brennende Gegenstände im Treppenraum).
5. Ein brandlastfreier Treppenraum in einem massiv gebauten Gebäude muss von der Feuerwehr beherrscht werden – selbst wenn dieser beim Eintreffen der Feuerwehr bereits verraucht sein sollte.

Merkregeln für den Angriffstrupp:

1. Der Treppenraum muss im Brandfall möglichst frei von Rauch und Feuer gehalten werden, bereits eingetretener Brandrauch sollte unverzüglich abgeführt werden.
2. Das Ergebnis einer ERKUNDUNG des Treppenraumes ist unverzüglich dem Gruppenführer zu melden – dieser braucht die Informationen (Feuer und Rauch im Treppenraum, bauliche Ausführung des Treppenraumes, Gefahr des Eindringens von Feuer und Rauch in den Treppenraum, angetroffene Personen).
3. Nach der Erkundungsphase ist unbedingt Rücksprache über das weitere Vorgehen mit dem Gruppenführer zu halten.
4. Das Öffnen von Türen zu einem brennenden Bereich sollte immer nur dann durchgeführt werden, wenn dies zur Ausführung des Einsatzauftrages erforderlich und damit vom Gruppenführer gewollt ist. Das Öffnen von Türen zu einem in Brand geratenen Bereich kann den Treppenraum verrauchen und dadurch weitere Menschen gefährden.
5. Das Öffnen von Türen kann die Ventilation eines Brandes stark beeinflussen und es kann gefährliche Strömungen heißer und entzündlicher Brandgase im Gebäude ermöglichen.

Der Zustand des Treppenraums eines Gebäudes ist für einen erfolgreichen Feuerwehreinsatz sehr wichtig. Gegenüber Leitern der Feuerwehr (insbesondere tragbaren Leitern) ist er als Rettungsweg für weitaus mehr Menschen geeignet. Dies bezieht sich nicht nur auf die Anzahl der hiermit zu rettenden Menschen

(Rettungsrate), sondern auch auf Personen mit körperlichen Einschränkungen oder Behinderungen. Weiterhin gestaltet sich die Rettung von Kindern und die Rettung älterer Menschen über tragbare Leitern der Feuerwehr häufig als sehr schwierig.

Für die Feuerwehreinsatzkräfte ist der **Treppenraum der einfachste, sicherste und schnellste Angriffsweg.** Der Treppenraum eines Gebäudes ist daher nicht ohne Grund der von der Feuerwehr favorisierte Angriffsweg.

Umso unverständlicher ist es daher, dass manche Feuerwehren es immer noch in Kauf nehmen, dass durch ihr eigenes Vorgehen über den Treppenraum und durch das Öffnen von Türen dieser bevorzugte Angriffs- und Rettungsweg verraucht und dadurch für Personen ohne Schutzausrüstung häufig erst unpassierbar wird.

Das Problem der Rauchausbreitung in einen Treppenraum lässt sich leider auch allein mit dem Betrieb eines Überdruckbelüfters vor der Gebäudeeingangstür nicht zuverlässig beherrschen. Nur wenn der Überdruckbelüfter optimal aufgestellt werden kann und alle Fenster und alle anderen Türen im Treppenraum während der gesamten Belüftungsdauer zuverlässig geschlossen bleiben, kann es sicher funktionieren. Aber was macht die Feuerwehr wenn dies nicht optimal gelingt, was macht sie in ausgedehnten Gebäuden, in denen keine Überdruckventilation gelingt?

Eigentlich ist es unverständlich, dass sich die Feuerwehr vor dem Jahr 2005 damit zufrieden gegeben hat, dieses fundamentale Problem nicht besser zu lösen. Bei grundsätzlicher Betrachtung der Einsatztaktik drängt sich doch ein ganz banaler Wunsch auf: **Die Feuerwehr braucht ein Gerät, um eine Gebäudeöffnung schnell und ausreichend rauchdicht zu verschließen ohne den Einsatz zu behindern.**

Die Feuerwehr muss die Rauchausbreitung einfach und wirkungsvoll verhindern und die Entrauchung von Gebäuden effizient durchführen können. Dies dient nicht nur der **Menschenrettung** und der **Schadensminimierung** im Brandeinsatz, sondern letztlich auch bei einem rauchfreien Rückweg der **Sicherheit der eingesetzten Einsatzkräfte.**

Die Verwendung anderer Angriffswege durch die Feuerwehr, insbesondere der Angriffsweg über Fenster, wird ebenfalls häufig diskutiert [2]. Diese Vorgehensweise ist bei entsprechenden Einsatzlagen (Brand im Untergeschoss oder im Erdgeschoss) vom Einsatzleiter als taktische Möglichkeit sicherlich in Betracht zu ziehen. In keinem Fall darf hierbei jedoch die Erkundung und Absicherung des Treppenraumes ausbleiben. Bei Brandstellen in oberen Geschossen ist diese Vorgehensweise jedoch noch mit weiteren Nachteilen und Gefahren verbunden. Neben dem Zeitverlust durch das Aufstellen von tragbaren Leitern ist dieses Vorgehen auch erheblich gefährlicher. Dies insbesondere durch den Leitereinsatz, durch zerstörte Glasscheiben und durch eine Angriffsrichtung, die entgegen der Strömung der Rauchgase gerichtet ist. Auch darf die Feuerwehr in keinem Fall die baulichen Fluchtwege unkontrolliert lassen und somit das Risiko eingehen, bei der Flucht verunglückte oder vom Rauch gefangene Personen nicht schnell genug aufzufinden.

Die Sicherheit der eingesetzten Feuerwehrkräfte darf jedoch bei der Diskussion um alternative Angriffswege nicht vergessen werden:

- Das Einschlagen von Fensterscheiben ist insbesondere bei modernen Verglasungen eine äußerst schwierige und riskante Tätigkeit. Viele Einsatzkräfte haben dies in der Praxis nie zuvor durchgeführt bzw. geübt. Auch der Durchstieg durch ein Fenster mit eingeschlagener Scheibe ist eine Vorgehensweise, die meist nicht ohne Verletzungen der eingesetzten Kräfte einhergeht.

- Das Besteigen einer tragbaren Leiter durch Einsatzkräfte mit umluftunabhängigem Atemschutz ist aufgrund des eingeschränkten Sichtfeldes und des Gewichts der Schutzausrüstung sehr kritisch zu bewerten. Dies trifft umso mehr zu, wenn gleichzeitig eine Angriffsleitung mit vorgenommen werden soll.
- Der Einsatzgrundsatz »Niemals durch die Abströmöffnung des Brandrauches bzw. niemals entgegen der Rauchströmung vorgehen« kann beim Einstieg über Fenster fast nie eingehalten werden. Die Gefahr einer Durchzündung von Rauchgasen darf nicht unterschätzt werden: Rauchgase enthalten häufig auch brennbare Gase!
- Gleichzeitig mit dem Vorgehen über ein Fenster sollte niemals eine Überdruckventilation des Treppenraumes durchgeführt werden. Hierbei würde ansonsten die Gefahr bestehen, dass bei einem Öffnen der Tür oder bei einem Versagen der Tür (z. B. Durchbrand oder Zerplatzen von Verglasungen) dem angreifenden Einsatztrupp schlagartig Brandrauch und Hitze entgegenströmt. Eine Durchzündung des Brandrauches wäre hierbei nicht auszuschließen.

Es spricht daher vieles dafür, einen Angriffsweg über den Treppenraum zu bevorzugen. Von großem Vorteil ist es hierbei jedoch, die Gefahr der Rauchausbreitung mit einfachen Mitteln besser kontrollieren zu können und damit den Treppenraum als Angriffs- und Rettungsweg jederzeit sicher zur Verfügung zu haben.

Eine im Brandfall möglichst lange und sichere Nutzung eines Treppenraumes ist für eine erfolgreiche Selbstrettung und für die Rettung durch Einsatzkräfte von zentraler Bedeutung. Weiterhin wird durch den ausströmenden Brandrauch eine erhebliche Schadensvergrößerung hervorgerufen. Das Öffnen von Türen durch Einsatzkräfte der Feuerwehr, insbesondere von Türen zu Treppenräumen, und das Offenhalten dieser Türen durch die mitgeführte Angriffsleitung wird daher häufig völlig zu Recht kritisiert. Insbesondere wenn die Feuerwehr durch ihre Vorgehensweise zur Rauchausbreitung und damit auch zur Gefährdung von Menschenleben und zur Schadensausbreitung beiträgt.

In den Bildern 1 und 2 ist die Rauchausbreitung in einem Gebäude bei geschlossener bzw. geöffneter Zimmertür dargestellt.

Bild 1: Zimmerbrand – Rauchausbreitung bei geschlossener Zimmertür

Bild 2:
Zimmerbrand – Rauchausbreitung bei geöffneter Zimmertür

Die Gefährdung durch den verrauchten Treppenraum für Menschen, die sich noch in den oberen Stockwerken befinden, und die Schadensausbreitung ist hierbei deutlich zu erkennen.

1.2 Sinn und Zweck der (Überdruck-)Belüftung

Zur Rauchfreihaltung bzw. -ableitung werden von den Feuerwehren entsprechende Belüftungsgeräte eingesetzt. Hiermit soll die Ausbreitung von Brandrauch in Gebäuden verhindert und bereits vorhandener Brandrauch abgeführt werden. **Hauptanwen-**

dungsgebiet der (Überdruck-)Ventilation ist daher bei mehrgeschossigen Gebäuden immer zunächst der Treppenraum. Im weiteren Einsatzverlauf soll dann durch gezielte Schaffung einer Strömung vom Treppenraum durch die verrauchten Räume über entsprechende Fenster ins Freie der vorhandene Brandrauch entfernt werden. Die Strömung wird hierbei durch die vom Ventilator erzeugte Energie herbeigeführt. Das Rote Heft/Ausbildung kompakt Nr. 203 [3] stellt die Funktionsweise, die Wirkung und die wesentlichen Einflussfaktoren der Überdruckbelüftung ausführlich dar.

Zur Rauchfreihaltung eines Treppenraumes wird versucht, zwischen dem Treppenraum und einem verrauchten Bereich einen relativen Überdruck zu erzeugen. Es soll sich ein Luftstrom einstellen, der vom Treppenraum in die vom Brand betroffene Nutzungseinheit gerichtet ist und dadurch einen weiteren Raucheintrag in den Treppenraum reduziert – im Idealfall sogar ganz verhindert. Oftmals wird gleichzeitig versucht, auch den Treppenraum rauchfrei zu machen. Leider zeigt sich in der Praxis jedoch, dass diese (Überdruck-)Ventilation nicht immer wirkungsvoll ist. Häufig lassen die Randbedingungen an der Einsatzstelle einen optimalen Lüftereinsatz nämlich gar nicht zu. Beispielhaft sind hier große und teilweise durch die Feuerwehr auch gar nicht wieder verschließbare Abluftöffnungen im Treppenraum zu nennen, die einen Druckaufbau im Treppenraum verhindern. Andererseits treten auch häufig räumliche Probleme bei der Positionierung des Überdruckbelüfters infolge von beengten oder ungünstigen Platzverhältnissen auf. Der Einsatz von (Überdruck-)Ventilation muss außerdem gut geplant und während eines Einsatzes stets überwacht werden. Von den verantwortlichen Einsatzkräften muss daher permanent der Zustand von Fenstern und Türen im Treppenraum und die Position des Überdruckbelüfters kontrolliert werden, damit der oftmals nur geringe relative Überdruck zwischen Treppenraum und in Brand geratener Nutzungseinheit nicht verloren geht. **Insgesamt ist die Überdruckventilation zwar eine gute, leider aber keine einfache und auch keine generell verlässliche Methode.**

1.3 Sinn und Zweck eines mobilen Rauchverschlusses

Sofern die von der Feuerwehr durchgeführte Ventilation nicht ausreicht, die erforderliche Druckdifferenz zwischen Treppenraum und Brandbereich – und damit eine Strömung über die gesamte Türhöhe – aufzubauen, wird **Brandrauch aus der oberen Türhälfte in den Treppenraum** eindringen. **Dies kann nur dadurch wirkungsvoll abgewendet werden, indem durch das mechanische Verschließen der Türöffnung in diesem Bereich diese Rauchströmung sicher verhindert wird.** Wenn man allerdings bereits dieses tun möchte, dann ist es nur konsequent, auch die nie ganz auszuschließende diffuse Rauchausbreitung im unteren Bereich der Türöffnung zu verhindern. Daher muss ein mobiler Rauchverschluss auch die untere Türhälfte so wirkungsvoll abdecken, dass einerseits Luftbewegungen im mittleren Bereich der Tür reduziert werden, andererseits die gewollte Belüftung durch Maßnahmen der Feuerwehr im unteren Bereich der Tür ermöglicht wird und gleichzeitig der Durchgang für Einsatzkräfte in beide Richtungen weitgehend ungehindert möglich ist.

In geschlossenen Räumen kann es jedoch bei Brandverläufen, die nicht zu einem voll entwickelten Brand und einer Zerstörung von z. B. Fenstern und Türen geführt haben, zu einer Ansammlung von brennbaren Gasen im Brandraum kommen. Dies können sowohl das bei Sauerstoffmangel entstehende brennbare Kohlenmonoxid, aber auch aus brennbaren Stoffen ausgasende Pyrolyseprodukte (z. B. Holzgas) sein. Beim Öffnen von Fenstern oder Türen zu derartigen Räumen kann es durch den Zutritt von Luftsauerstoff zu heftigen Reaktionen kommen. Die **Türöffnungsprozedur** kann bei der Anwendung eines mobilen Rauchverschlusses für die Einsatzkräfte **wesentlich sicherer** gemacht werden, da hierdurch der schnelle und unkontrollierte Zutritt von Luftsauerstoff reduziert und kontrolliert werden kann.

Forschungsergebnisse der vergangenen Jahre haben gezeigt, dass die Luftzufuhr in einen unterventilierten Brandbereich zu einer Steigerung der Energiefreisetzung führen kann. Durch die Sauerstoffzufuhr kann auch ein Flash-over herbeigeführt werden. Es ist daher wichtig, einem unterventilierten Brand erst dann Luft zuzuführen, wenn auch unmittelbar danach mit der Brandbekämpfung begonnen werden kann.

Zunehmend hat auch die Vermeidung von Rauchschäden eine Bedeutung im Feuerwehreinsatz [2]. Auch hier kann ein mobiler Rauchverschluss einen wichtigen Beitrag leisten.

2 Wirkungsweise der Überdruckbelüftung

2.1 Physikalische Grundlagen

Unter Überdruckventilation wird bei der Feuerwehr meist jede Tätigkeit verstanden, bei der mit Belüftungsgeräten eine erzwungene Luftströmung in ein Gebäude geleitet wird. Ziel ist jedoch nicht der sich hierbei einstellende relative Überdruck im Gebäude bzw. in einzelnen Räumen des Gebäudes, sondern eine aktive Beeinflussung der Rauchströmungen im Gebäude bzw. die Rauchabführung aus dem Gebäude. In Publikationen zur Überdruckbelüftung werden daher auch immer Aussagen zum Verhältnis zwischen Zu- und Abluftöffnungen gemacht. Das »Prinzip der Überdruckbelüftung« ist in Bild 3 vereinfacht für einen einzelnen Raum dargestellt.

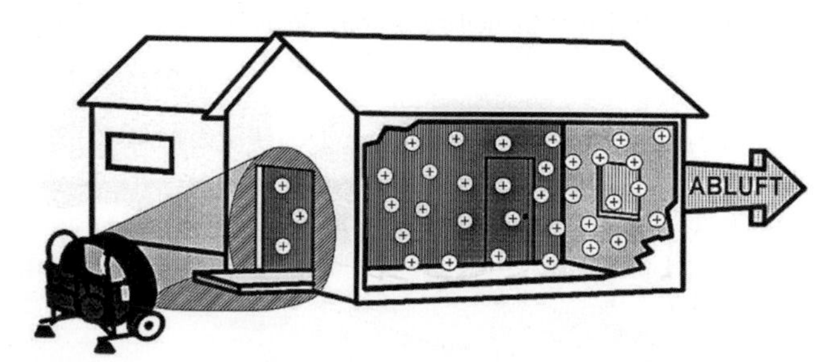

Bild 3: Prinzip der Überdruckbelüftung (Ein-Raum-Modell)

In verschiedenen Lehrunterlagen wird vorgeschlagen, die Abluftfläche etwa gleich groß wie die Zuluftfläche zu wählen. Es finden sich aber auch Unterlagen, die für die Abluftfläche das 1,5- oder 2-fache der Zuluftfläche fordern. Die Wahl der Größe der Abluftfläche beeinflusst hierbei über den mit steigender Fläche abnehmenden Strömungswiderstand den sich ergebenden Volumenstrom, welcher das Gebäude über die Abluftflächen verlässt. Je größer daher die Abluftfläche, desto größer der Volumenstrom bei jedoch geringerem relativen Überdruck im primär belüfteten Gebäudebereich gegenüber anderen Räumen. Wählt die Feuerwehr allerdings eine zu große Abluftfläche, dann wird das gesamte Strömungssystem schwieriger zu kontrollieren und auch anfälliger gegenüber der Einwirkung von Wind. Es empfiehlt sich daher eine Abluftfläche vom 1- bis 2-fachen der Zuluftfläche anzustreben.

Aufgrund der vorgenannten Überlegung ist es für die Planung der Ventilation folglich wichtig, ob man eher Wert auf einen großen Volumenstrom oder einen größeren relativen Überdruck im primär belüfteten Gebäudebereich legt.

Im Gegensatz zum einfachen Ein-Raum-Modell in Bild 3 ist in Bild 4 ein Mehr-Raum-Modell dargestellt. Beide Modelle beziehen

Bild 4: Prinzip der Überdruckbelüftung (Mehr-Raum-Modell)

sich hierbei jedoch noch auf den einfachen Fall eines nur eingeschossigen Gebäudes. Bei der in Bild 4 dargestellten Geometrie hängt die Druckdifferenz innerhalb des Gebäudes auch von dem Strömungswiderstand zwischen den zuerst belüfteten Räumen (Eingangsbereich) und dem dahinter liegenden verrauchten Bereich ab. Aus diesem noch sehr einfachen Vergleich kann man erkennen, dass die Druckdifferenz zwischen Vorraum und Brandbereich und damit der tatsächliche Überdruck bei bestimmten Einsatzsituationen durchaus von Interesse sein kann.

Durchaus schwieriger wird die Situation, wenn man als Geometrie ein mehrgeschossiges Gebäude mit einem Treppenraum

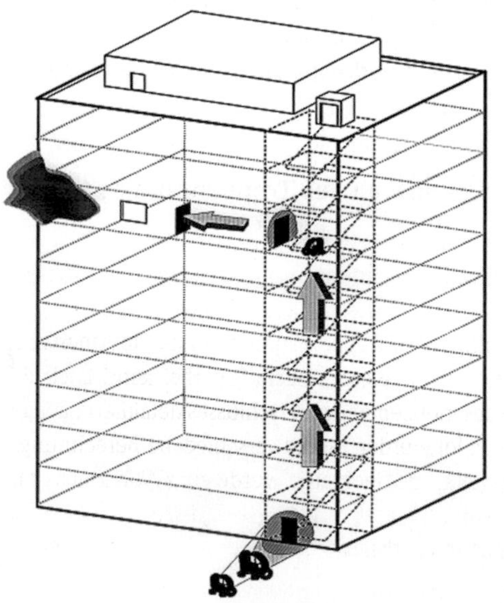

Bild 5: Prinzip der Überdruckbelüftung bei einem mehrgeschossigen Gebäude

betrachtet. Dies ist in Bild 5 dargestellt. Hierbei ist es nun wichtig, dass ein möglichst großer relativer Überdruck zwischen Treppenraum und Brandbereich aufgebaut wird, damit möglichst über der gesamten Türhöhe Frischluft vom Treppenraum in den Brandbereich strömt und dadurch auch im oberen Türbereich die Ausbreitung von Brandrauch in den Treppenraum verhindert wird.

Da diese Geometrie für die Einsatzpraxis der Feuerwehr von großer Bedeutung ist, soll hierauf im nachfolgenden Kapitel 2.2 genauer eingegangen werden.

An dieser Stelle muss jedoch angemerkt werden, dass eine Luftzufuhr in einen unterventilierten Brandbereich zu einer Steigerung der Energiefreisetzung und letztlich auch zu einem Flashover führen kann. **Wichtig ist daher die enge zeitliche Koordination von Belüftung und wirksamer Brandbekämpfung.**

2.2 Überdruckbelüftung des Treppenraumes

Durch Brandsimulationsrechnungen mit dem Rechenprogramm FDS [4, 5] kann gezeigt werden, welcher Einfluss auf das Einsatzziel »Rauchfreihaltung des Treppenraums als erster Rettungsweg« von den einzelnen Parametern ausgeht. Hierbei kann auch die Wirkungsweise des mobilen Rauchverschlusses detailliert nachgewiesen werden. In [6] wurden hierzu verschiedene Berechnungsergebnisse vorgestellt. Als Geometrie wurde ein »Wohnhaus« mit einem Erdgeschoss und drei oberen Geschossen gewählt. Die Wohnungen wurden hierbei wiederum durch einen einzelnen Raum vereinfacht.

Bild 6: Rauchausbreitung bei offener Tür nach 60 Sekunden: *ohne* Überdruckbelüfter und bei *geschlossenen* Treppenraumfenstern. Im weiteren Einsatzverlauf wird der Treppenraum im oberen Bereich vollständig verrauchen.

Als **wesentliche Parameter für den Erfolg einer Überdruckventilation** sind zu nennen:

- Brandintensität und Brandverlauf (Rauch- und Wärmefreisetzung),
- Gebäude- und Raumgeometrie im Brandbereich, insbesondere der Wände und der Zustand der Türöffnungen,
- Führung der Luftströmung durch das Gebäude sowie Geometrie des Treppenraumes,
- Öffnungen zwischen dem Treppenraum und den Nutzungseinheiten, insbesondere Zustand der Tür zur in Brand geratenen Nutzungseinheit,
- Leistungsvermögen und Art des Ventilators,
- Größe der Zuluftöffnung,

Bild 7: Rauchausbreitung bei offener Tür nach 60 Sekunden: *ohne* Überdruckbelüfter und bei *geöffneten* Treppenraumfenstern. Der Treppenraum bleibt trotz Rauchableitung im oberen Bereich durch den nachströmenden Rauch verraucht.

- Größe der Abluftöffnungen im Treppenraum,
- Größe der Abluftöffnungen in den mit Brandrauch beaufschlagten Bereichen,
- äußere Einflüsse (wie z. B. Winddruck auf die Öffnungsflächen).

Bei diesen Randbedingungen ergibt sich aus den Berechnungen, dass ohne den Einsatz eines Überdruckbelüfters der Treppenraum zunehmend verraucht. Diese Rauchausbreitung ist eindrucksvoll in den Bildern 6 und 7 dargestellt. In Bild 6 sind die Fenster im oberen Bereich des Treppenraums geschlossen, in Bild 7 sind diese Fenster in geöffnetem Zustand. Eine detaillierte Auswertung und Bewertung dieser beiden Varianten wurde in [6] vorgenommen. Interessant ist hierbei, dass durch die geöffneten

Fenster im Treppenraum zwar eine Rauchabführung erfolgt, andererseits durch die einsetzende Kaminwirkung im Treppenraum zunehmend Rauch aus dem Brandraum in den Treppenraum einströmt. Dennoch ist beim Vergleich dieser beiden Varianten erkennbar, dass die Rauchgaskonzentration im Treppenraum bei geöffneten Treppenraumfenstern geringer ist. Das Öffnen von Fenstern im Treppenraum oder von vorhandenen Rauchabzugseinrichtungen ist daher in der Selbstrettungsphase (also vor Eintreffen der Feuerwehr an der Einsatzstelle) sicherlich sinnvoll.

Während in den Bildern 6 und 7 kein Überdruckbelüfter vor der Hauseingangstür berücksichtigt ist, wurde für Bild 8 ein leistungsfähiger Überdruckbelüfter simuliert, welcher auf der gesamten Türfläche von etwa 2 m^2 eine Luftgeschwindigkeit von 2 m/Sek. erzeugen kann. Dieser Wert kann in der Praxis nur bei optimaler Aufstellung eines entsprechend starken Überdruckbelüfters erreicht werden. In Bild 8 ist zu erkennen, dass **selbst bei Einsatz eines leistungsfähigen Ventilators die Rauchfreihaltung des Treppenraumes nicht sichergestellt werden kann.** Um dies zu verhindern, muss ein Luftstrom vom Treppenraum in den vom Brand betroffenen Bereich erzielt werden, welcher etwa 10 000 m^3/h beträgt. Hierzu muss bei Einsatz eines Überdruckbelüfters vor der Hauseingangstür versucht werden, die Abluftöffnungen im Treppenraum möglichst klein und die Abluftöffnungen in der Nutzungseinheit ausreichend groß zu halten.

Ergänzend muss jedoch angemerkt werden, dass die Feuerwehr leider in vielen Fällen einmal geöffnete **Rauchabzugseinrichtungen in Treppenräumen** gar nicht so einfach schließen kann. Bedingt durch die Bauart vieler Rauchabzüge lassen sich diese zwar im Bedarfsfall öffnen, der Schließvorgang ist jedoch

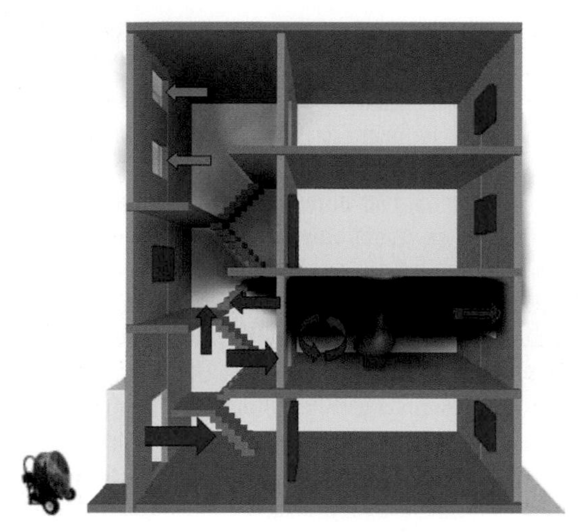

Bild 8: Rauchausbreitung nach 60 Sekunden: *mit* Überdruckbelüfter und bei *geöffneten* Treppenraumfenstern. Der Treppenraum wird zwar durchströmt, er bleibt durch den nachströmenden Rauch im oberen Bereich jedoch verraucht bis der Brand nahezu vollständig gelöscht ist.

nur unmittelbar am Gerät durch technische Manipulation möglich. Rauchabzüge, die vor Eintreffen der Feuerwehr nicht betätigt wurden, sollten daher von der Feuerwehr nur dann geöffnet werden, wenn nicht durch Überdruckventilation und gezieltes Aufmachen anderer Öffnungen (z. B. Fenster im oberen Bereich des Treppenraums) ein rauchfreier Treppenraum erzielt werden kann. Andernfalls hat sich die Feuerwehr den Nachteil eingehandelt, dass an oberster Stelle im Treppenraum so viel Luft entweicht, dass kein ausreichender Überdruck mehr im Treppenraum aufgebaut werden kann. Eine effektive Belüftung des Brandbereiches wird dadurch erschwert.

Sofern beim Eintreffen der Feuerwehr am Einsatzort der Treppenraum bereits verraucht ist, versucht die Feuerwehr in vielen Fällen zeitgleich den Treppenraum zu entrauchen und einen Rettungs- bzw. Löschangriff durchzuführen. Solange der Treppenraum verraucht ist, fällt es nämlich schwer, die Fenster des Treppenraums zu schließen. Andererseits kann die Wohnungseingangstür nicht mehr geschlossen werden, wenn bereits ein Einsatztrupp mit einer Angriffsleitung in diesen Bereich eingedrungen ist. Da jedoch die Leistung des Überdruckbelüfters meist nicht ausreicht, den Treppenraum und die Wohnung gleichzeitig zu entrauchen, ist der Lüftereinsatz häufig nicht sehr effektiv. Die hier beschriebene Situation löst sich häufig erst dann auf, wenn der Brand weitgehend gelöscht ist.

Merke:
Das gleichzeitige Entrauchen des Treppenraums und des vom Brand betroffenen Bereiches ist nicht effektiv – hier sollte abschnittsweise gearbeitet werden: zuerst der Treppenraum, dann die einzelnen verrauchten Räume.

Bei den Brandsimulationsrechnungen kann auch der Einfluss einer in eine Wohnungseingangstür eingebauten Rauchschürze simuliert werden. Es kann hierdurch nachgewiesen werden, dass in vielen Fällen bereits die **Abdichtung der oberen Türhälfte** zu einer **erheblichen Reduzierung der Rauchausbreitung in den Treppenraum** führt. Eine Rauchfreihaltung des Treppenraums kann bei zahlreichen untersuchten geometrischen Konstel-

Bild 9: Rauchausbreitung *ohne* Überdruckbelüfter und bei *geöffneten* Treppenraumfenstern – jedoch *mit einem mobilen Rauchverschluss*: Frischluft strömt bodennah in den Brandraum, Brandrauch strömt über das Fenster ins Freie – der Treppenraum bleibt rauchfrei – im Idealfall selbst ohne den Einsatz eines Überdruckbelüfters.

lationen sogar nur dann zügig erreicht werden, wenn eine derartige Rauchschürze eingebaut ist (Bilder 9 und 10).

2.3 Überdruckbelüfter oder Injektor-Lüfter?

Beim Thema Ventilation im Feuerwehreinsatz wird vielfach undifferenziert immer dann von Überdruckbelüftung gesprochen, wenn mit einem mobilen Ventilator eine Luftströmung in das Gebäude gerichtet wird. Hierzu wird häufig nur die Unterdruckbe-

Bild 10: Rauchausbreitung *mit* Überdruckbelüfter und bei *geöffneten* Treppenraumfenstern – jedoch *mit einem mobilen Rauchverschluss*: Frischluft strömt bodennah in den Brandraum, Brandrauch strömt über das Fenster ins Freie – der Treppenraum bleibt rauchfrei. Durch den Überdruckbelüfter wird der Druck im Treppenraum gegenüber dem Brandrauch leicht erhöht, der Treppenraum dadurch zusätzlich gespült.

lüftung abgegrenzt, bei der Luft aus dem Gebäude abgesaugt wird.

Merke:
Wird Luft in ein Gebäude eingeblasen, dann stellt sich zwischen dem Gebäudeinneren und der Umgebung ein relativer Überdruck ein. Durch alle Öffnungen bzw. Verbindungen zwi-

schen Bereichen mit unterschiedlichem Druck wird sich dann eine entsprechende Luftströmung einstellen.

Allerdings gibt es im Wesentlichen zwei unterschiedliche Wirkprinzipien von Belüftungsgeräten: Überdruckbelüfter und Injektor-Lüfter [7]. Bei einem Überdruckbelüfter ist die Geometrie des Laufrades und des Lüftergehäuses so gewählt, dass sich ein sich öffnender Luftkegel ausbildet, mit dem dann die gesamte Zuluftöffnung abgedeckt werden soll. Im Idealfall erzeugt ein Überdruckbelüftungsgerät auf die gesamte Zuluftöffnung einen konstanten Druck. Andererseits wird bei Injektor-Lüftern (gelegentlich auch als reine Strömungsmaschinen bezeichnet) ein konzentrierter Luftstrahl mit höherer Luftgeschwindigkeit erzeugt. Entsprechend dem Injektor-Prinzip soll dadurch weitere Luft vor der Zuluftöffnung mitgerissen und dadurch die Leistung erhöht werden.

Das Wirkprinzip eines Überdruckbelüfters und eines Injektor-Lüfters ist in den Bildern 11 und 12 dargestellt.

Merke:
Bei der Belüftung von Gebäuden wird sich der Druck im Gebäude gegenüber der Umgebung erhöhen und dadurch ein relativer Überdruck einstellen. Kennzeichnend ist jedoch, dass die vom Belüftungsgerät erzeugte Energie bei einem Überdruckgerät mehr in Form von Druck und beim Injektor-Lüfter mehr in Form von Luftgeschwindigkeit freigesetzt wird.

Die Effektivität einer Belüftung nach beiden Wirkprinzipien kann bei einer einfachen Geometrie (wie in den Bildern 11 und 12 dargestellt) durchaus vergleichbar sein. Übertragen auf die in der Praxis im Feuerwehreinsatz vorkommenden Randbedingungen (siehe Bild 4 »Mehr-Raum-Modell« oder Bild 5 »mehrgeschossiges Gebäude«) verliert das Injektor-Prinzip jedoch vielfach an Wirksamkeit. Dies geschieht nämlich immer dann, wenn ein großer Gegendruck besteht (z. B. bei kleiner Abluftöffnung oder bei verwinkelter Führung der Luftströmung im Gebäude) oder wenn

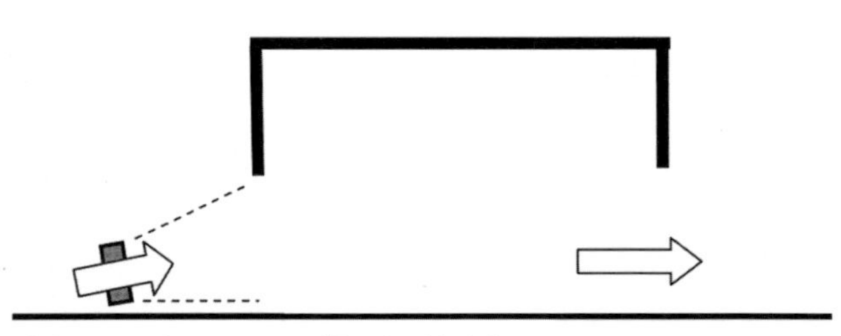

Bild 11: Wirkprinzip eines Überdruckbelüfters

Bild 12: Wirkprinzip eines Injektor-Lüfters

der Luftstrahl mit seiner hohen Geschwindigkeit rechtwinklig auf eine Wand trifft und umgelenkt werden muss. Letzteres tritt gerade im Hauseingangsbereich nahezu ständig auf. Die beim Injektor-Prinzip im Luftstrahl vorhandene Energie wird dann beim Aufprall an einer Wand teilweise aufgezehrt und dadurch sinkt die Effektivität der Belüftung. **Aufgrund der immer unterschiedlichen baulichen Geometrie in Gebäuden ist das klassische Wirkprinzip eines Überdruckbelüfters daher im Feuerwehreinsatz in aller Regel einfacher, wirkungsvoller und sicherer anzuwenden.**

Hinsichtlich der Strömungen im Brandraum macht daher der Einsatz verschiedener Lüftertypen nur dann einen merklichen Unterschied, wenn der Lüfter unmittelbar vor dem Brandraum steht. Sobald der Luftstrom durch mehrere andere Räume hindurchgeführt wird (also vertikal oder horizontal umgelenkt wird), verliert sich der Unterschied in der Strömungscharakteristik.

Durchaus kritisch müssen jedoch auch die neuen Produktentwicklungen der vergangenen Jahre hinsichtlich Lüftern mit höherer Geschwindigkeit bzw. höherem Druck gesehen werden. Diese bergen das Risiko, dass es bei zu großen Luftgeschwindigkeiten zu Verwirbelungen im Brandraum kommt und dadurch das (ggf. sogar zündfähige!) Rauchgasvolumen stark ansteigen kann.

3 Anforderungen an einen mobilen Rauchverschluss

3.1 Allgemeine Anforderungen

Ein im Einsatzalltag der Feuerwehr verwendbarer mobiler Rauchverschluss muss folgende Anforderungen erfüllen:

- Transport und Einbau:
  - geringes Gewicht und Packmaß,
  - für alle üblichen Türabmessungen geeignet,
  - einfach, schnell und sicher von einer Person (in vollständiger Feuerwehrschutzkleidung) zu installieren;
- im eingebauten Zustand:
  - einfacher und schneller Durchgang für die Einsatzkräfte,
  - geringe Rauchdurchlässigkeit,
  - eine Schlauchdurchführung muss möglich sein,
  - beständig gegen hohe Temperaturen und unmittelbare Flammeneinwirkung;
- nach Ausbau:
  - möglichst einfach zu reinigen,
  - möglichst keine Verbrauchs- oder Verschleißteile,
  - möglichst kein Schaden am Türrahmen.

Ausgehend von diesen Anforderungen wurde ein mobiler Rauchverschluss entwickelt, der seit dem Jahr 2006 kommerziell vertrieben wird und durch ein Gebrauchsmuster geschützt ist. Aufgrund von Erfahrungen aus Brandversuchen und realen Einsätzen wurden verschiedene kleinere Verbesserungen umgesetzt, das Grundprinzip ist jedoch unverändert geblieben. Der mobile Rauchverschluss besteht aus einem ausziehbaren Metallrahmen, welcher mit einem Spannverschluss gespreizt wird und sich dadurch in Türrahmen unterschiedlicher Breite problemlos einbauen lässt. Der Metallrahmen ist so konstruiert, dass er leicht von einer Person eingebaut werden kann. Wichtig ist hierbei, dass sich der Metallrahmen trotz seiner Verbindung mit dem textilen Gewebe leicht auseinanderziehen lässt und hierbei nicht verkantet oder klemmt.

Durch Verwendung eines nicht brennbaren Gewebes wird die Tür im oberen Bereich sicher und rauchdicht verschlossen. Das Gewebe ist mit Klettverbindungen an dem Metallrahmen befestigt und im Hinblick auf den Zuschnitt und die Materialsteifigkeit daraufhin optimiert, dass es beim Auseinanderziehen unabhängig von der Türbreite leicht und schnell in eine optimale Position gebracht werden kann. Das Gewebe, der Klettverschluss und die Nahtverbindungen sind so ausgeführt, dass sie der zu erwartenden **Temperaturbeanspruchung an der Rauchgrenze** bzw. im Eingangsbereich in Verbindung mit der Wohnungstür standhalten. Damit sich auch bei sehr hoher Temperaturbeanspruchung bzw. unmittelbarer Brandbeanspruchung das Gewebe nicht vom Metallrahmen löst, ist dieses mit dem oben angeordneten horizontalen Rahmenelement zusätzlich mechanisch zu verbinden.

Strömungstechnisch muss beim Gewebe darauf geachtet werden, dass es einerseits die **diffuse Rauchausbreitung** auch bei geöffneter Tür möglichst wirksam verhindert und andererseits das gewollte **Zuströmen von Frischluft** in einer begrenzten Größenordnung ermöglicht. Das Zuströmen von Frischluft soll weiterhin möglichst bodennah und turbulenzarm erfolgen, damit die Durchmischung von Frischluft mit Brandrauch im Eingangsbereich minimiert wird. Hierdurch wird das aus dem brennenden Bereich abzuführende Rauchvolumen gering gehalten und die Bedingungen für die Einsatzkräfte werden verbessert (Temperaturabsenkung und Verbesserung der Sicht im unteren Bereich). Um diese Anforderungen möglichst gut zu erfüllen, ist das verwendete Gewebe mit zusätzlichen Gewichten ausgestattet.

3.2 Unterschiedliche Einsatzsituationen abdecken

Einerseits soll ein mobiler Rauchverschluss sehr einfach und robust sein, andererseits müssen viele Einsatzsituationen abgedeckt werden können:

- sicheres Verschließen des oberen Drittel der Tür, gebückter Durchgang für Einsatzkräfte möglich;
- sicheres Verschließen der oberen zwei Drittel der Tür, Durchgang (auf den Knien) für Einsatzkräfte möglich;
- vollständiges sicheres Verschließen der gesamten Türöffnung. Ein Durchgang für Einsatzkräfte ist zwar nicht mehr möglich, jedoch könnte im mittleren Drittel zwischen dem Gewebe des Rauchverschlusses und dem Türrahmen Löschwasser in den Brandraum eingebracht werden.

Will man alle Einsatzsituationen mit einem einzigen Gerät abdecken, führt dies zu einer aufwändigen und komplizierten Konstruktion. Aus diesem Grund bietet es sich an, diese Variationen durch die Kombination aus zwei einfachen und robusten Geräten abzudecken. Die Bilder 13a und 13b zeigen den Einbau eines mobilen Rauchverschlusses in eine Wohnungseingangstür.

Bilder 13a und b: mobiler Rauchverschluss für die Feuerwehr
a) Tür vor dem Einbau des Rauchverschlusses (der mobile Rauchverschluss befindet sich in der am Schlauchtragekorb befestigten Transporttasche)

b) eingebauter Rauchverschluss
Beim Einbau ist darauf zu achten, dass der Rauchverschluss oben dicht am Türrahmen anliegt.

Bei Bedarf kann durch eine Kombination von zwei Rauchverschlüssen der Rauchdurchgang weiter minimiert werden. Die Bilder 14a und 14b zeigen den Einbau von zwei Rauchverschlüssen a) in den oberen zwei Dritteln der Tür und b) unten und oben im Türrahmen.

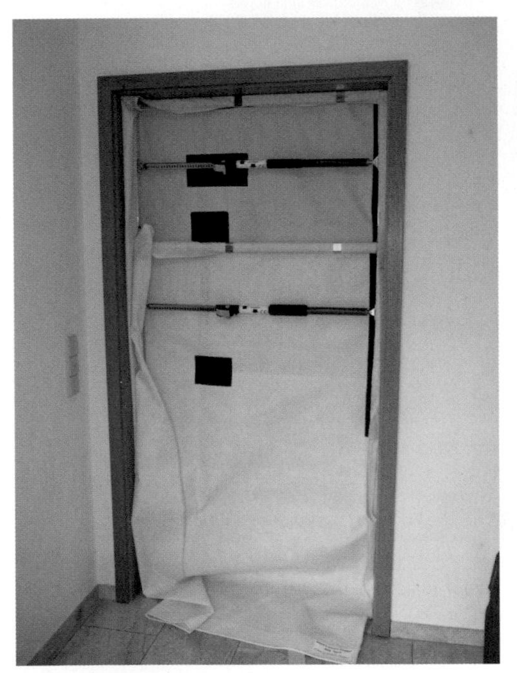

Bilder 14a und b: Kombination von zwei Rauchverschlüssen
a) zweiter Rauchverschluss im mittleren Türbereich, ein Durchgang für Einsatzkräfte ist noch möglich.

b) ein zweiter Rauchverschluss ist am Boden eingebaut: auch bei extremen Bedingungen (z. B. starker Brand oder starker Wind) ist die Rauchausbreitung auf ein Minimum reduziert, ein Durchgang von Einsatzkräften wird jedoch ebenfalls verhindert.

Achtung!
Keinesfalls darf durch den Einsatz von mehreren Rauchverschlüssen an einer Tür der Rückzugsweg von Einsatzkräften eingeschränkt werden!

In den Bildern 15a und 15b ist dargestellt, wie der Durchgang durch eine Tür a) mit einem und b) mit zwei Rauchverschlüssen möglich ist.

Bilder 15a und b: Durchgang für Einsatzkräfte
a) Bei Einsatz eines Rauchverschlusses ist der Durchgang für Einsatzkräfte in leicht gebückter Haltung möglich.

b) Bei zwei eingebauten Rauchverschlüssen ist nur noch ein kriechender Durchgang für Einsatzkräfte möglich.

Achtung!

Hierbei ist zu beachten, dass auch eine gegebenenfalls erforderliche schnelle Flucht der Einsatzkräfte aus dem Gefahrenbereich hierdurch verzögert wird.

3.3 Thermische Anforderungen/Feuerwiderstand

Um ein möglichst hohes Maß an Sicherheit für den Feuerwehreinsatz zu gewährleisten, ist es sehr wichtig, dass ein mobiler Rauchverschluss bei einer **Beanspruchung durch hohe Temperaturen oder durch unmittelbare Beflammung** über eine ausreichend lange Zeit seine Funktionsfähigkeit behält. Andernfalls wäre es für die Einsatzkräfte eine trügerische Sicherheit und der Treppenraum wäre nicht wirklich gesichert.

Merke:
Ein mobiler Rauchverschluss braucht eine hohe Temperaturbeständigkeit und ein ausreichend langes Standvermögen gegenüber unmittelbarer Beflammung. Daher dürfen nur sicher funktionsfähige und geeignete Materialien eingesetzt werden.

Aus diesem Grund müssen mobile Rauchverschlüsse folgende thermische Anforderungen erfüllen:

- Metallrahmen und Spannstange müssen auch bei hohen Temperaturen sicher funktionieren.
- Das Spezialgewebe muss eine Dauertemperaturbeständigkeit von mindestens 500 °C aufweisen.
- Bei höheren Temperaturen und bei direkter Beflammung muss das Gewebe mindestens insoweit erhalten bleiben, dass der Verschluss der Türöffnung sichergestellt ist und das Gewebe nicht durchbrennt. Hierzu muss ein Mindestanteil der Fasern entsprechend temperaturbeständig sein.
- Das Gewebe muss mit einer wasser- und schmutzabweisenden Beschichtung versehen sein. Diese Beschichtung muss eben-

falls ausreichend temperaturbeständig sein, damit sie nicht bei jedem Einsatz bei mäßiger thermischer Beanspruchung zerstört wird. Ohne Beschichtung wäre das Gewebe nach dem Einsatz nur schlecht zu reinigen, was durch den Einsatz an der Rauchgrenze jedoch zwingend erforderlich ist.

- Das Gewebe muss mit ebenfalls ausreichend temperaturbeständigen Klettverschlüssen an den Metallrahmen angeschlossen werden. Damit wird das Reinigen des Rauchverschlusses erleichtert und ein Austausch des Gewebes möglich. Zusätzlich muss das Gewebe mechanisch am Metallrahmen befestigt sein, damit es sich auch bei extremer Brandbeanspruchung nicht lösen kann.
- Das Gewebe muss auch bei erhöhter thermischer Beanspruchung so fest und stabil bleiben, dass selbst bei einer kleineren Beschädigung keine größere Schadensstelle entsteht.

Bei der Entwicklung des mobilen Rauchverschlusses wurden zahlreiche verschiedene Brandschutzgewebe in vielen Brandversuchen umfangreich getestet. Auch aus diesen Brandversuchen konnte abgeleitet werden, dass die vorgenannten Anforderungen aus Sicherheitsgründen nicht zur Diskussion gestellt werden dürfen.

3.4 Packmaß, Lagerung und Transport

Ein mobiler Rauchverschluss muss möglichst leicht und klein sein, damit er gut transportiert und leicht an die Einsatzstelle vorgenommen werden kann. Für eine optionale Befestigung an ei-

Bild 16: Beispiel für die Unterbringung des mobilen Rauchverschlusses im Fahrzeug, befestigt am Schlauchtragekorb

nem Schlauchtragekorb wurde die Größe des mobilen Rauchverschlusses entsprechend angepasst. Bild 16 zeigt einen Rauchverschluss in einer Transporttasche, die an einem Schlauchtragekorb befestigt ist. Hierdurch wird der Rauchverschluss gleich vom Angriffstrupp vorgenommen und kann noch vor dem Eindringen in den Brandbereich in der Zugangstür montiert werden.

Sofern eine Unterbringung unmittelbar mit bzw. bei den Schlauchtragekörben nicht möglich ist, kann der mobile Rauchverschluss aufgrund seiner geringen Dicke auch an anderen Stel-

Bild 17: Unterbringung des mobilen Rauchverschlusses vor dem Sprungretter

len im Fahrzeug verlastet werden. Das Bild 17 zeigt die Unterbringung in einem Löschgruppenfahrzeug. Hier wird der Rauchverschluss unmittelbar vor dem Sprungretter gelagert.

3.5 Verschleiß/mechanische Festigkeit

Da sich durch die Lagerung in einem Feuerwehrfahrzeug und den Transport an Einsatzstellen mechanische Beanspruchungen für das Gewebe ergeben, sind entsprechende Verstärkungen erforder-

Bild 18: Mobiler Rauchverschluss mit mechanischen Verstärkungen an den stärker belasteten Stellen

lich. Dies betrifft sämtliche Kontaktflächen des Gewebes mit dem Metallrahmen und dem Spannverschluss. In Bild 18 sind diese Verstärkungen erkennbar.

3.6 Verfügbare Größe bzw. Breite

Mobile Rauchverschlüsse werden überwiegend für eine Türbreite von zirka 70 bis 115 Zentimeter angeboten. Diese Ausführung ist für den Einsatz in Wohn- und Geschäftshäusern konzipiert und deckt in diesem Anwendungsbereich nahezu alle anzutreffenden Türbreiten ab. Für breitere Türen, insbesondere in Sonderbauten (wie z.B. Krankenhäuser, Altenheime, Industrieanlagen usw.), sind ansonsten baugleiche Rauchverschlüsse mit einer Breite von 80 bis 140 cm bzw. 90 bis 150 cm verfügbar.

Die Größe des mobilen Rauchverschlusses ist auf Türhöhen von rund zwei Metern ausgelegt. Damit bei diesen üblichen Türhöhen das Gewebe nicht am Boden aufliegt (Stolpergefahr und hohe Verschmutzung) und andererseits ein Feuerwehrschlauch ungehindert hindurchgeführt werden kann, sollte das Gewebe des Rauchverschlusses mindestens fünf Zentimeter über dem Fußboden enden. Dadurch ist auch sichergestellt, dass die eingenähten Gewichte am unteren Rand des Gewebes frei hängen und nicht auf dem Fußboden aufliegen. Bei höheren Türen ergibt sich zwangsläufig ein größerer Spalt im unteren Türbereich. Dies ist strömungstechnisch jedoch unbedenklich. In Extremsituationen (starker Brand bzw. Windeinfluss) ist ohnehin mit zwei mobilen Rauchverschlüssen zu arbeiten und damit lassen sich auch höhere Türen ausreichend abdichten.

3.7 Mobile Rauchverschlüsse für die stationäre Vorhaltung in Gebäuden

Auch in Sonderbauten, insbesondere in Krankenhäusern sowie Alten- und Pflegeheimen, wurden in den vergangenen Jahren mobile Rauchverschlüsse erfolgreich eingesetzt. Von der Feuerwehr eingebaut, konnte bei zahlreichen Zimmerbränden die in derartigen Gebäuden besonders gefährliche Rauchausbreitung auf die Flure und Rettungswege reduziert werden. Hierbei stellte sich heraus, dass die Türen hier regelmäßig für die bei der Feuerwehr üblicherweise vorgehaltenen Rauchverschlüsse zu breit waren und dass ein frühzeitigerer Einbau noch bessere Ergebnisse gebracht hätte. Insbesondere hätte damit eine Rauchausbreitung bereits in der Evakuierungsphase und damit idealerweise schon vor Eintreffen der Feuerwehr verhindert werden können. Ein eingebauter mobiler Rauchverschluss markiert für alle Evakuierungshelfer den verrauchten Bereich und verhindert damit den weiteren ungewollten Zutritt sowie die dadurch noch verstärkte Rauchausbreitungsgefahr. Damit wird für alle Evakuierungshelfer das Risiko reduziert, sich bei der Räumung einer vermeidbaren Gefahr auszusetzen.

Bild 19: Mobiler Rauchverschluss für die stationäre Vorhaltung

In immer mehr Sonderbauten werden daher mobile Rauchverschlüsse bereits im Gebäude vorgehalten. Diese werden z. B. für die Verwendung durch die Feuerwehr in der Brandmeldezentrale gelagert oder zum Einbau durch eingewiesenes Personal (Bild 19) unmittelbar auf den Stockwerken (zusammen mit anderen Gerätschaften für die Evakuierung wie z. B. Brandfluchthauben, Rettungstücher usw.). Beispiele für derartige Einsätze sind in den nachfolgenden Kapiteln enthalten.

4 Gefahren beim Öffnen von Türen zum Brandraum

Bevor im nachstehenden Kapitel der Einbau eines mobilen Rauchverschlusses und die damit verbundene Türöffnungsprozedur vorgestellt wird, muss zunächst auf die hiermit verbundenen Gefahren hingewiesen werden.

Wichtiger Hinweis:
Das Öffnen einer Tür zu einem Brandraum bzw. zu einem Raum, in dem sich Brandgase befinden, birgt stets eine Gefahr für die Einsatzkräfte. Hinweise für mögliche extreme Brandererscheinungen (Rauchgasdurchzündung/Flash-over/Backdraft) und die vorherrschenden äußeren Windeinwirkungen auf die Gebäudehülle müssen den Einsatzkräften bekannt sein und sind entsprechend zu beachten!

Die Freisetzung von brennbarem Gas oder freiwerdende Dämpfe brennbarer Flüssigkeiten werden von den Feuerwehreinsatzkräften unmittelbar mit der Gefahr einer Verpuffung oder einer Explosion in Verbindung gebracht. Auf diese Gefahr wird bei der Ausbildung traditionell ausreichend hingewiesen. Leider ist dieses Gefahrbewusstsein im Brandeinsatz mit dem hier vorhandenen Brandrauch nicht so ausgeprägt. Der Hauptgrund hierfür mag in der häufiger gemachten Einsatzerfahrung liegen, dass dieser Brandrauch in den allermeisten Fällen irgendwann und irgendwie aus dem Gebäude entweicht bzw. gezielt abgeführt wird – ohne dass eine Rauchgasdurchzündung zu beobachten ist. Zudem wird der Brandrauch von vielen Feuerwehrangehörigen in erster Linie als Atemgift und erst dann als Gefahrenquelle für eine Durchzündung wahrgenommen. Diese Einschätzung ist jedoch nicht immer richtig, denn der **Brandrauch kann bei entsprechenden Verbrennungsvorgängen ein erhebliches entzündliches bzw. explosives Potenzial beinhalten.** Aus diesem Grund soll nachstehend auf die Durchzündung von Brandrauch, insbesondere in der sehr speziellen (und sehr gefährlichen!) Form des Backdrafts, eingegangen werden. Zunächst werden jedoch der Vollständigkeit halber und zur Abgrenzung die Begriffe »Flash-over« und »Rauchgasdurchzündung« erklärt.

Als kritische Situation für die Einsatzkräfte ist es ebenfalls anzusehen, wenn Wind weht und sich durch das Öffnen einer Tür ein Luftstrom durch den Brandraum einstellen kann. Hierdurch kann das Feuer stark angefacht werden und heißer Rauch und Flammen können die Einsatzkräfte extrem gefährden.

4.1 Flash-over

Bei einem zunächst noch lokal begrenzten Feuer in einem Gebäude heizt sich der betroffene Brandraum infolge der freiwerdenden Wärme zunehmend auf. Auch vom Feuer zunächst nicht erfasste brennbare Gegenstände werden dadurch erwärmt und setzen brennbare Gase frei. Bei Temperaturen von ungefähr 500 bis

600 °C im oberen Raumbereich und starker Wärmestrahlung durch das Feuer, durch die aufgeheizten Gegenstände und den heißen Brandrauch kommt es dann zu einer schnellen Ausbreitung des lokal begrenzten Feuers zu einem voll entwickelten Raumbrand.

Merke:
Als Flash-over (oder Flammenübersprung) bezeichnet man einen Vorgang, bei dem innerhalb kurzer Zeit ein örtlich begrenztes Feuer in einen voll entwickelten Raumbrand übergeht. Auch die Schutzkleidung der Feuerwehr bietet hier nur für wenige Sekunden einen sehr begrenzten Schutz. Alle Personen im Brandraum befinden sich daher in höchster Gefahr.

Nicht jeder voll entwickelte Raumbrand setzt jedoch einen Brandverlauf mit einem klar erkennbaren Flash-over voraus. Kommt es zu einer unmittelbaren Entzündung von einem zum nächsten brennbaren Gegenstand, kann die Brandintensität auch sehr kontinuierlich zunehmen. Auch bei großen Öffnungsflächen (z. B. offen stehenden Fenstern) kann sich aufgrund des fehlenden Wärmestaus meist kein klar erkennbarer Flash-over ausbilden.

Gefährlich ist ein Flash-over insofern, als dass nach dieser schnellen Brandausbreitung auf einen ganzen Raum die Energiefreisetzung und damit die Raumtemperatur stark ansteigt. Bei einem drohenden Flash-over ist daher der Aufenthalt im Raum für die Einsatzkräfte sehr gefährlich. Durch Absenken der Temperatur und der Wärmestrahlung im Raum muss gegebenenfalls vor dem Betreten des Raumes die Gefahr eines Flash-over reduziert werden.

Merke:
Beim Betreten eines Raumes, in dem es zwar nur einen kleineren Brandbereich gibt, der jedoch
- insgesamt stark aufgeheizt ist,
- an der Decke eine heiße Rauchgasschicht aufweist,
- heiße Oberflächentemperaturen im ganzen Raum aufweist,

kann es zu einem sehr schnellen Flammenübersprung (Flashover) kommen. Um den damit verbundenen Gefahren zu begegnen, sollte der Angriffstrupp
- vor dem Eindringen in den Brandbereich die heißen Rauchgase abkühlen und mit Wasserdampf inertisieren,
- heiße Rauchgase ins Freie ableiten,
- bei unterventilierten Bränden eine abrupte Zufuhr von Frischluft vermeiden,
- stets auf einen kurzen Fluchtweg aus dem Raum achten.

4.2 Rauchgasdurchzündung

Die Durchzündung brennbarer Rauchgase kann in vielen verschiedenen Formen erfolgen. An einem lodernden Lagerfeuer lässt sich jedoch durch Beobachtung leicht erkennen, wie Pyrolysegase lokal immer wieder aufflammen und erlöschen. Ein derartiges (Wieder-)Aufflammen von Brandgut an einer begrenzt großen Brandstelle wird jedoch kein Feuerwehrangehöriger als gefährlich erachten, da man damit z. B. bei einer gelöschten Brandstelle ja jederzeit rechnen muss und da die Rauchgasmenge und damit die Auswirkung der Reaktion im Allgemeinen relativ harmlos ist. Gefährlich wird eine Rauchgasdurchzündung erst, wenn sich größere Mengen an Rauchgasen ansammeln können und dadurch die Auswirkung der Reaktion entsprechend groß ist.

Merke:
Bei vielen Bränden kann sich eine Ansammlung von brennbaren Rauchgasen ergeben. Diese können unverbrannte Pyrolyseprodukte oder z. B. auch Kohlenmonoxid enthalten. Bei einer Zündung können Auswirkungen vergleichbar einer Gasexplosion auftreten. Hiermit ist insbesondere dann zu rechnen, wenn Brände unter Umständen schon längere Zeit und unter Sauerstoffmangel stattgefunden haben (Schwelbrände).

Während einer Durchzündung geringer Mengen an Brandgasen in der Nähe eines Brandherdes keine besondere Bedeutung beigemessen wird, werden solche Ereignisse eher dann weiter betrachtet, wenn sie unvermittelt (z. B. in größerer Entfernung zum Brandherd oder gar in einem benachbarten Raum) stattfinden.

4.3 Der Backdraft als extreme Form der Rauchgasdurchzündung

Der Backdraft, eine besondere Form der Rauchgasdurchzündung, kann bei sehr speziellen Randbedingungen beim Öffnen einer Tür zu einem Brandraum beobachtet werden. Glücklicherweise kommt ein Backdraft sehr selten vor. Allerdings ist das Gefahren-

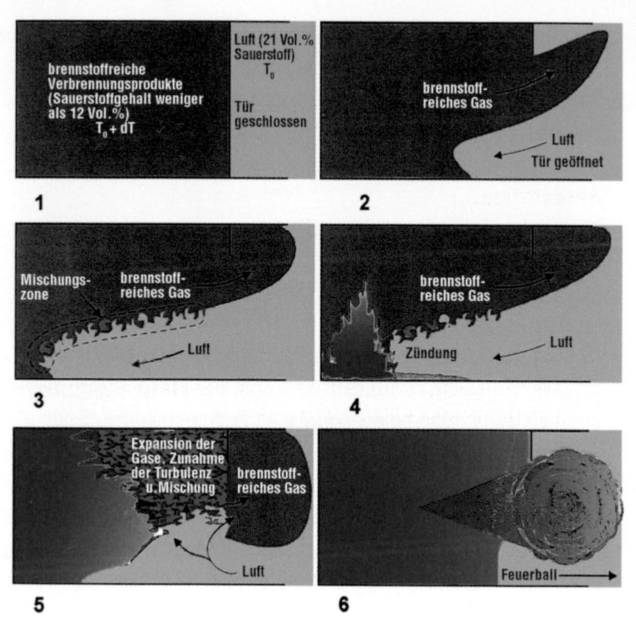

Bild 20: Entstehung eines Backdraft, aus [9]

potenzial für die Einsatzkräfte relativ groß. Daher sollte jeder Feuerwehrangehörige dieses Risiko einschätzen können [8, 9, 10].

Der Ablauf eines Backdrafts ist anschaulich in Bild 20 zu erkennen und lässt sich in folgende sechs Phasen einteilen:

1. In einem Brandraum hat sich eine größere Menge an unverbrannten Pyrolysegasen angesammelt, der Sauerstoffgehalt ist

stark gesunken (meist auf einen Wert unter 12 Volumenprozent), die Tür ist noch geschlossen.
2. Beim Öffnen der Tür strömt Rauchgas aus dem oberen Bereich der Tür heraus, entsprechend kann im unteren Türbereich Frischluft mit 21 Volumenprozent Sauerstoff in den Brandraum einströmen.
3. Der Brandrauch im oberen Bereich des Raumes (das Gemisch ist zu »fett«) und die Frischluft im unteren Bereich (das Gemisch ist zu »mager«) vermischen sich. Im Raum bildet sich ein zündfähiges Rauchgasgemisch.
4. Im Brandraum kommt es zu einer Zündung des brennbaren Gemisches. Diese Zündung kann von einer kleinen Flamme oder auch durch eine heiße Oberfläche (z. B. ein glimmendes Stück Holz) ausgelöst werden.
5. Durch die Volumenvergrößerung infolge der Verbrennung wird eine größere Menge an brennbaren Gasen aus der Türöffnung hinausgedrückt. Hierbei kommt es aufgrund von Turbulenzen zu einer weiteren Vermischung von Brandrauch und Frischluft.
6. Dem aus dem Raum austretenden und mit ausreichend Sauerstoff versorgten Brandrauch läuft die Flammenfront aus dem Raum hinterher. Außerhalb des Raumes wird der Brandrauch dann gezündet und es kann sich ein sehr heftiger Feuerball ausbilden.

Die Ausbreitung des Feuerballs, der sich bei einem Backdraft außerhalb des Brandraumes bildet, kann sehr heftig sein und explosionsartige Auswirkungen haben. Der Feuerball bildet sich in der Regel unmittelbar in dem Bereich aus, in welchem sich die Ein-

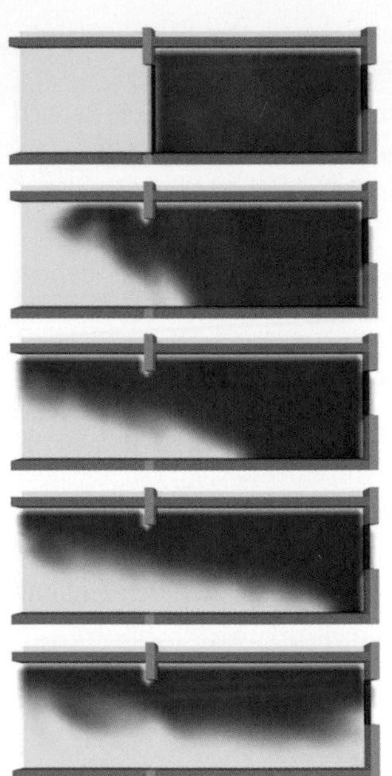

Bild 21: Strömung und Durchmischung von Brandrauch und Frischluft nach Öffnen einer Tür zu einem verrauchten Raum (Der zeitliche Abstand zwischen den einzelnen Berechnungsergebnissen beträgt jeweils eine Sekunde.)

satzkräfte beim Öffnen einer Tür befinden und trifft diese ohne ausreichende Vorwarnzeit. Daher sollte nach Möglichkeit eine Türöffnungsprozedur, bei der die Gefahr für einen Backdraft geringer ist, durchgeführt werden.

In Bild 21 ist die Einströmung von Frischluft und die Durchmischung mit dem im Raum befindlichen Brandrauch dargestellt. Die Bilder sind Ergebnisse umfangreicher Berechnungen und zeigen die Verhältnisse jeweils im Abstand von einer Sekunde sehr

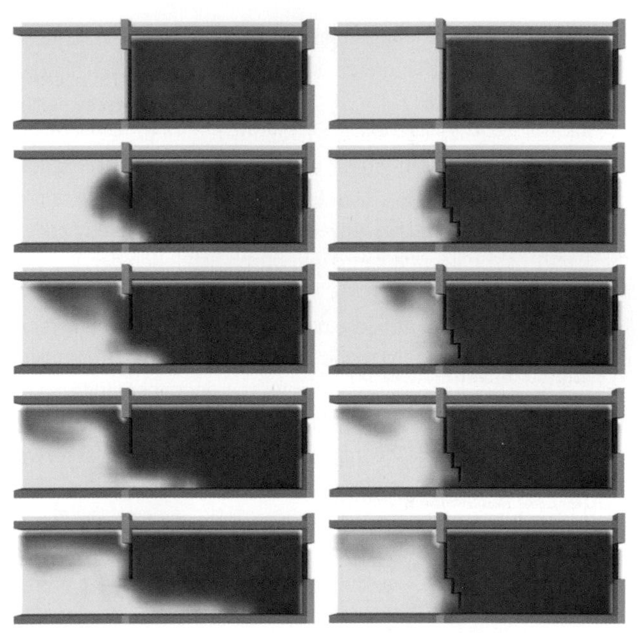

Bild 22: Strömung und Durchmischung von Brandrauch und Frischluft nach Öffnen einer Tür zu einem verrauchten Raum; links: Rauchverschluss, der nur die obere Türhälfte verschließt, rechts: Rauchverschluss, der auch die untere Türhälfte mit einem entsprechend flexiblen Gewebe verhängt. (Der zeitliche Abstand der Bilder beträgt jeweils eine Sekunde.)

anschaulich. Im Bild 22 ist ebenfalls im Sekundentakt die Rauchverteilung bei Verwendung einer ein Meter hohen Rauchschürze bzw. eines mobilen Rauchverschlusses dargestellt. Es ist klar zu erkennen, dass eine Durchmischung von Brandrauch und Frischluft stark reduziert ist und dadurch Zeit für entsprechende Maßnahmen zur Verhinderung eines Backdrafts (Rauchgaskühlung, Inertisierung mit Wasserdampf bei möglichst wenig Frischluftzufuhr) geschaffen wird.

Im Bild 23 ist zu erkennen, wie deutlich die Luftbewegungen beim Öffnen einer Tür durch einen mobilen Rauchverschluss sichtbar gemacht werden. Das Ansaugen von Frischluft in einen Brandraum (ein mögliches Anzeichen für einen bevorstehenden Backdraft!) kann leicht erkannt und durch Schließen der Tür verhindert werden.

Sofern bei der Kontrolle einer Tür zu einem Brandbereich (Kontrolle auf Erwärmung sowie auf Rauch- und Luftströmungen) die Gefahr eines Backdrafts erkannt wurde oder aber aufgrund einer starken Brandentwicklung das Eindringen in den Brandraum als zu gefährlich beurteilt wird, kann unter Verwendung von zwei Rauchverschlüssen folgendes Vorgehen gewählt werden: Der erste Rauchverschluss wird im oberen Bereich der Türöffnung montiert. Zur nahezu vollständigen Abdichtung der Türöffnung wird ein zweiter Rauchverschluss im unteren Bereich der Türöffnung installiert. Der Spannrahmen des zweiten Rauchverschlusses verspannt hierbei das Spezialgewebe des ersten Rauchverschlusses gegen die Türzarge. Dieser Aufbau ist im Bild 24 dargestellt. Wie auf diesem Bild zu erkennen ist, kann dennoch die Türklinke bedient, die Tür geöffnet und eine ausreichende optische Erkundung des Brandraums vorgenommen werden. Während der Angriffstrupp durch den Rauchverschluss geschützt ist, kann Löschwasser zur Kühlung des Raumes und zur Inertisierung des Brandrauchs in den Raum eingebracht werden. Dennoch wird mit dieser Vorgehensweise ein Einströmen von Frischluft in den Brandraum nahezu vollständig verhindert. Diese Vorgehensweise

Bild 23: Die Bewegung und Auslenkung des Rauchverschlusses zeigt die Strömungen optisch leicht erkennbar an.

Bild 24: Brandbekämpfung ohne Frischluftzufuhr. Mit zwei Rauchverschlüssen kann die Tür nahezu vollständig verschlossen werden. Dies ermöglicht das Einbringen von Löschwasser ohne die Zufuhr von Frischluft in den Brandbereich.

setzt natürlich voraus, dass die Tür in Angriffsrichtung aufgeht und dadurch der Türrahmen für den Einbau des Rauchverschlusses zugänglich ist. Dies dürfte insbesondere bei Wohnungseingangstüren jedoch in den meisten Fällen zutreffen.

Selbstverständlich können die einzelnen Schritte – je nach Erfordernis der vorgefundenen Lage – auch nacheinander durchgeführt werden. So kann beispielsweise nach dem Einbau des ersten Rauchverschlusses der Brandraum vom Angriffstrupp zunächst in Augenschein genommen und entsprechend beurteilt werden. Ist ein Vordringen in den Raum nicht möglich, schließt der Trupp die Tür wieder und baut anschließend den zweiten Rauchverschluss ein. Daraufhin kann dann Löschwasser unter diesem Schutz in den Brandraum eingebracht werden, bevor der Angriffstrupp wieder in den Raum vordringt, eine neue Lagebeurteilung vornimmt und entsprechend handelt.

Bei einer Anwendung des Rauchverschlusses, wie sie im Bild 24 dargestellt ist, wird erkennbar, welche hohen Anforderungen an die Temperaturbeständigkeit und an die mechanische Strapazierfähigkeit eines mobilen Rauchverschlusses aus Sicherheitsgründen gestellt werden müssen. Sofern bei einer extrem hohen Temperaturbeanspruchung das Spezialgewebe beschädigt werden sollte, kann der Rauchverschluss durch Bespannen mit einem neuen Gewebe wiederhergestellt werden. Die Sicherheit der Einsatzkräfte in dieser Extremsituation ist hier in jedem Fall höher zu beurteilen. Wichtig ist jedoch, dass das Gewebe im Einsatz nicht versagt oder sogar durchbrennt, damit die Einsatzkräfte nicht gefährdet werden.

Merke:
Die Gefahr eines bevorstehenden Backdraft kann bestehen, wenn sich in einem Raum unverbrannte Pyrolysegase angesammelt haben und die Sauerstoffkonzentration stark gesunken ist. Mögliche Anzeichen hierfür sind:

- kein größeres und offenes Feuer erkennbar,
- Rauchaustritt aus nur kleinen Öffnungen des Brandraums (ggf. unter Druck oder pulsierend austretender Rauch aus Fenster- oder Türritzen, auch im unteren Bereich des Raumes),
- rußgeschwärzte Fenster,
- ungewöhnliche, gedämpfte Geräusche,
- plötzliches Ansaugen von Luft beim Öffnen der Tür.

Eine entsprechende Kontrolle der betreffenden Tür ist daher vor deren Öffnung sowie vor dem Einbau eines mobilen Rauchverschlusses unbedingt erforderlich. Bestehen Anzeichen für einen möglichen Backdraft, sollte das Einströmen von Frischluft in den Brandraum zunächst verhindert werden. Dies kann z. B. durch die Verwendung von zwei Rauchverschlüssen und durch eine gezielte Rauchkühlung bzw. -inertisierung ohne Sauerstoffzutritt in den Brandraum erreicht werden.

Auch die Schaffung von Abluftöffnungen von außen kann bei einem stark unterventilierten Brand eine erste Option sein. Die Eigengefährdung der Einsatzkräfte beim gewaltsamen Öffnen von Scheiben (insbesondere in höher gelegenen Geschossen und beim Einsatz tragbarer Leitern!) ist jedoch entsprechend zu berücksichtigen. Sie dürfte in den meisten Fällen nur bei einem Einsatz im Erdgeschoss oder über eine Drehleiter geringer sein als bei der im Bild 24 dargestellten Verwendung von zwei mobilen Rauchverschlüssen.

4.4 Windeinfluss auf Brände in Gebäuden

Die Verfügbarkeit von Sauerstoff hat einen großen Einfluss auf den Verlauf und die Reaktionsgeschwindigkeit einer Verbrennung. Wird sauerstoffhaltige Luft gar mit größerer Geschwindigkeit in den unmittelbaren Reaktionsbereich eines Brandes eingeblasen, können sich heftige Brandverläufe mit sehr hoher Energiefreisetzung ergeben. Diese Gefahren können auch bei gewöhnlichen Gebäudebränden entstehen, wenn eine aggressive Ventilation mit mobilen Belüftungsgeräten der Feuerwehr durchgeführt wird oder wenn entsprechende Luftströmungen in Gebäuden durch Wind herbeigeführt werden.

In Stuttgart kam es am 2. März 2008 zu einem ausgedehnten Wohnungsbrand im 6. Obergeschoss eines Hochhauses (Bild 25), bei dem von einer extremen Wärmeentwicklung berichtet wurde. Nach dem Platzen der Fensterscheiben wurde hier auch davon berichtet, »… dass der starke Wind das Feuer anheizte«. Die Einsatzkräfte der Feuerwehr konnten den eigentlichen Brandherd vom Innern des Gebäudes nicht erreichen, da der heiße Luftstrom aus dem Brandbereich für die Einsatzkräfte zunächst nicht zu überwinden war.

Bild 25: Wohnungsbrand in Stuttgart am 2. März 2008. Wind hatte einen starken Einfluss auf den Brandverlauf – eine gefährliche Situation für die Einsatzkräfte!

Erfahrungen mit extremen Brandverläufen in Gebäuden bei Einfluss von Wind wurden in den vergangenen Jahrzehnten auch in den USA dokumentiert. Hier kam es sogar zu mehreren tödlichen Unfällen bei den Einsatzkräften der Feuerwehren [11, 12]. Das Thema »Brände mit Windeinfluss« ist in den USA aber nicht auf Hochhäuser beschränkt. Die meisten der untersuchten Brände ereigneten sich in mehrgeschossigen Gebäuden – und dort in Stockwerken, welche sich unterhalb der Hochhausgrenze befanden. Auch in mehrgeschossigen Gebäuden kann bereits mäßiger Wind einen derart starken Einfluss auf den Brandverlauf nehmen, dass eine Brandbekämpfung durch die Feuerwehr im Innenangriff schwierig und auch extrem gefährlich werden kann.

Einsatzkräfte der Feuerwehr müssen daher auf Anzeichen für einen gefährlichen Windeinfluss auf einen Brand in einem Gebäude achten:

- wahrnehmbarer Wind (unabhängig vom eigentlichen Brandeinsatz),
- erkennbarer starker bzw. ungewöhnlicher Abtrieb von aus einem Gebäude austretendem Brandrauch,
- pulsierend austretender Brandrauch oder Flammen aus dem Gebäude.

Aus Brandversuchen des NIST [11, 12] ist weiterhin bekannt, dass pulsierend austretende Flammen auch entgegen der Windrichtung aus Fenstern austreten können, obwohl auf der windabgewandten Seite ebenfalls Fensterflächen offen stehen. Diese Situation wird als eindeutiges Anzeichen für eine kritische Windsituation beschrieben.

Im Hinblick auf die Verbrennungsbedingungen in einem Gebäude ist festzuhalten, dass einströmende Frischluft (aus Windeinfluss oder erzeugt durch einen mobilen Ventilator der Feuerwehr) nicht zwangsläufig zur Kühlung eines Brandraumes beitragen muss. Durch die erzwungene Luftströmung wird zwar heißer Brandrauch aus dem Gebäude abgeleitet, andererseits wird jedoch durch den zusätzlichen Sauerstoff und die hohe Luftgeschwindigkeit auch die Verbrennung stärker ablaufen und hierdurch mehr Energie freigesetzt. Dies ist vergleichbar mit dem Anfachen eines Grillfeuers durch das Einblasen von Luft in den unmittelbaren Verbrennungsbereich.

Möchte man eine Strömung entgegen der Windrichtung erzeugen, muss der Luftdruck durch das Belüftungsgerät stärker sein als der Winddruck. Dies ist über die gesamte Raumhöhe er-

Bild 26: Einsatz eines mobilen Rauchverschlusses zum Verschluss der oberen Türhälfte und Einsatz eines Belüftungsgerätes

forderlich, damit es nicht zu zwei gegenläufigen Strömungen im Zugangsbereich kommt. Hierzu muss das Belüftungsgerät optimal aufgestellt und unter optimalen Bedingungen betrieben werden können. Dies ist innerhalb von Gebäuden nicht immer möglich, der Einbau eines Rauchverschlusses in den oberen Türbereich ist hierzu dagegen zwingend. Die in Bild 26 dargestellte Einsatzsituation bietet die Möglichkeit, die Leistung eines mobilen Belüftungsgerätes optimal einzusetzen.

Sofern der Winddruck allerdings so stark ist, dass auch mit Belüftungsgeräten die vom Wind verursachte Luftströmung in das Gebäude hinein nicht sicher umgedreht werden kann, muss die Eingangstür zum Brandbereich geschlossen bleiben. Eine Brandbekämpfung ist dann vom Innern des Gebäudes nur noch mit speziellen Löschsystemen (FogNail oder Cobra) oder durch die Verwendung von zwei mobilen Rauchverschlüssen (siehe Bild 24) möglich. Alternativ kann – soweit möglich – eine Brandbekämpfung von außen bei geschlossener Zugangstür erfolgen.

5 Einbau eines mobilen Rauchverschlusses

5.1 Immer zuerst die Tür kontrollieren

Die im Kapitel 4 dargestellten Gefahren beim Öffnen von Türen zu einem Brandbereich müssen vor dem Öffnen einer entsprechenden Tür ausreichend erkundet und abgeschätzt werden. Zum einen ist dies das Risiko, dass sich mit dem Öffnen dieser Tür Feuer und Rauch im Gebäude unkontrolliert ausbreiten kann und dadurch weitere Menschen in Gefahr gebracht werden könnten. Zum anderen kann bei bestimmten Randbedingungen durch den Zutritt von Frischluft zu einem Brandraum eine Rauchgasdurchzündungen (im Extremfall sogar ein Backdraft!) entstehen.

Merke:
Vor dem Öffnen einer Tür muss geprüft werden, in welchem Stadium sich ein möglicher Brand hinter dieser Tür befindet. Hierzu sind folgende Informationen zu bewerten:

1. Blick von außen auf das Gebäude (Flammen und Rauch, geöffnete Fensterflächen, Wind usw.),
2. Temperatur der Tür am Türdrücker, im Schlossbereich, auf dem Türblatt und insbesondere entlang der Türzarge sowie in den Ecken,

3. Rauchaustritt an der Tür (auch Verfärbungen bzw. Rußablagerungen),
4. Verformung des Türblattes.

Wie dies erfolgen kann, ist anschaulich in den Bildern 27a–d zu erkennen.

5.2 Tür geht in Angriffsrichtung auf

Das Hauptanwendungsgebiet eines mobilen Rauchverschlusses ist sicherlich die Sicherung und Abtrennung des Treppenraums von Feuer und Rauch in einer daran angeschlossenen Nutzungseinheit (z. B. einer Wohnung). Da diese Türen in den allermeisten Fällen in Angriffsrichtung aufgehen, dürfte dies daher der am häufigsten vorkommende Fall sein. Da hierbei die Türzarge für den Einbau des mobilen Rauchverschlusses frei zugänglich ist, empfiehlt sich unmittelbar nach der Kontrolle der Tür der Einbau des Rauchverschlusses. Dies ist in den Bildern 28a–d dargestellt.

Nach dem Einbau des Rauchverschlusses kann die Tür geöffnet werden. Ist die Tür verschlossen und muss mit entsprechender Technik oder gar gewaltsam geöffnet werden, sollte der herabhängende flexible Teil des Rauchverschlusses über die Spannstange gehängt werden, damit diese Arbeiten ungestört durchgeführt werden können.

Werden beim Öffnen der Tür auffällige Beobachtungen gemacht (z. B. auffällige Geräusche oder das Einsaugen von Luft in

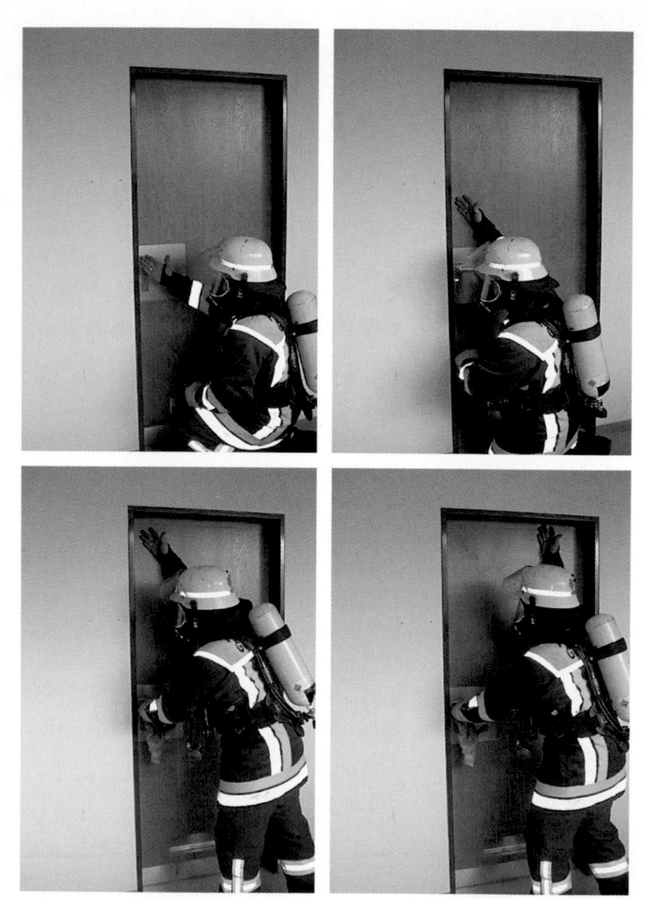

Bilder 27a–d: Kontrollieren der Tür vor dem Einbau eines Rauchverschlusses

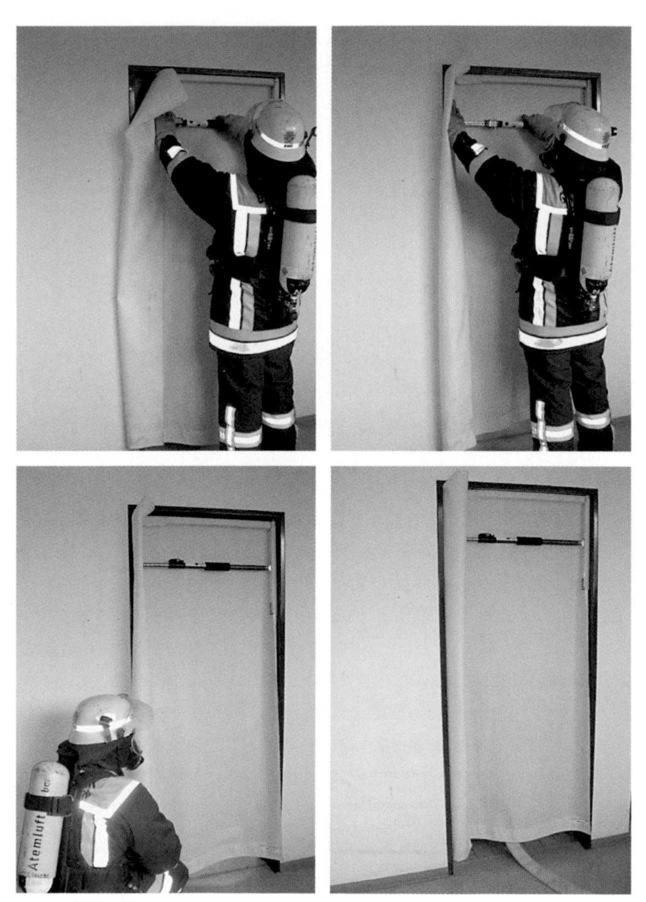

Bilder 28a–d: Einbau eines mobilen Rauchverschlusses in eine einflügelige Tür, die in Angriffsrichtung aufschlägt

den Brandraum – letzteres ist an der Bewegung des Rauchverschlusses leicht zu erkennen), dann sollte die Tür sofort wieder geschlossen werden. Hierzu empfiehlt sich auch die Verwendung einer Bandschlinge, mit der die Tür leicht wieder zugezogen werden kann.

5.3 Tür geht entgegen der Angriffsrichtung auf

Sofern eine Tür entgegen der Angriffsrichtung aufschlägt, kann ein mobiler Rauchverschluss nicht vor dem Öffnen dieser Tür eingebaut werden. In diesem Fall muss ein kurzzeitiger Rauchaustritt in Kauf genommen werden, der sich jedoch auf wenige Sekunden beschränkt. Mit etwas Übung kann der Einbau auch in diesem Fall so durchgeführt werden, dass nahezu kein Brandrauch austritt. In den Bildern 29a–d ist eine derartige Vorgehensweise dargestellt. Die hier gezeigten Bilder sind während einer Übung entstanden, bei der der Raum hinter der zweiflügeligen Tür tatsächlich durch ein reales Holzfeuer stark verraucht war. Bei der hier gezeigten Vorgehensweise ist es besonders wichtig, dass der Zustand des Brandes vor dem Öffnen der Tür sorgfältig betrachtet wird und dass auch beim Öffnen der Tür sorgfältig gearbeitet wird. Sofern starke Luftbewegungen am Tuch des Rauchverschlusses oder auffällige Geräusche wahrgenommen werden, sollte die Tür sofort wieder geschlossen werden.

Die in den Bildern 29a–d dargestellte Tür schlägt nicht nur entgegen der Angriffsrichtung auf, es handelt sich hierbei auch um eine zweiflügelige Tür. Auch in diesem Fall lässt sich ein mo-

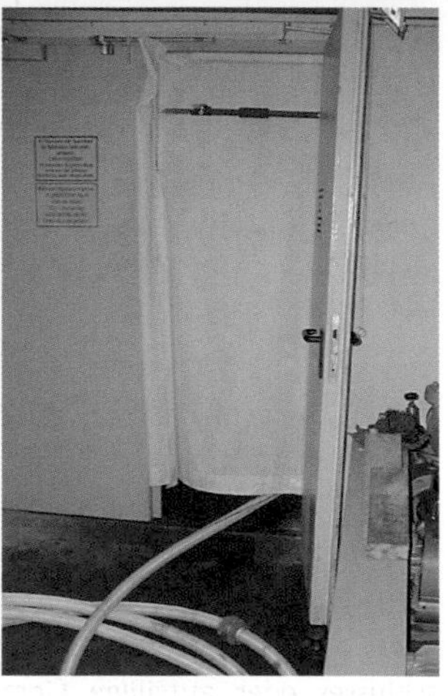

Bilder 29a–d: Einbau eines mobilen Rauchverschlusses in eine zweiflügelige Tür, welche dazu noch entgegen der Angriffsrichtung aufschlägt.

biler Rauchverschluss problemlos einbauen, indem er nach Öffnen des ersten Türblattes (Gangflügel) zwischen das zweite Türblatt (Standflügel) und die Türzarge gespannt wird.

5.4 Besondere Einbausituationen

Da der mobile Rauchverschluss vornehmlich für Wohnungseingangstüren bzw. Türen im Geschosswohnungsbau konzipiert wurde, kann die Standardausführung bei sehr breiten Türen nicht ausreichen. Wie in Kapitel 3.6 beschrieben, sind mobile Rauchverschlüsse auch für größere Türbreiten verfügbar. Sofern ein größerer Rauchverschluss im Einsatzfall nicht vorhanden ist, kann durch Einspannen eines entsprechenden Gegenstandes der fehlende Zwischenraum ausgefüllt werden. Hierzu eignet sich z. B. eine Krankentrage, wie sie auf jedem Löschfahrzeug vorhanden ist. Dies ist im Bild 30 dargestellt. Fehlen nur wenige Zentimeter, können auch die häufig von Einsatzkräften mitgeführten Keile hierfür verwendet werden.

Bild 30: Ist die Tür etwas zu breit, kann z. B. eine Krankentrage eingespannt werden.

6 Strömungen beim Öffnen einer Tür erkennen

Bei der Verwendung eines mobilen Rauchverschlusses hat sich gezeigt, dass die Auslenkung des Gewebes sehr hilfreich dabei sein kann, auftretende Strömungen zu erkennen und zu beurteilen. Die Bilder 31 bis 34 zeigen die vier prinzipiellen Möglichkeiten beim Öffnen einer Tür und erklären die daraus abzuleitenden Gefahren und Vorgehensweisen. Weitere Informationen zu Strömungen bei Gebäudebränden sind im Beitrag des Autors »Die Bedeutung von Rauch- und Luft-Strömungen im Brandeinsatz« (BRANDSchutz/Deutsche Feuerwehr-Zeitung 4/2015, S. 254–259) enthalten.

Bild 31: Fall A – dauerhafte Einströmung in den Brandbereich

Das Gewebe bewegt sich nach dem Öffnen der Tür *dauerhaft* in den Brandraum hinein. Dies verdeutlicht eine Strömung von Frischluft in den Brandbereich. Dauert diese länger als ein paar Sekunden, so muss eine Abströmung aus dem betreffenden Bereich vorhanden sein. Dies bedeutet:

- Stabile Strömung in den Brandbereich, diese Frischluftzufuhr kann den Brand anfachen, der Löschangriff sollte daher unverzüglich eingeleitet werden.
- Brandrauch wird aus dem Brandbereich abströmen. Meist wird dies über ein offenes Fenster ins Freie geschehen.

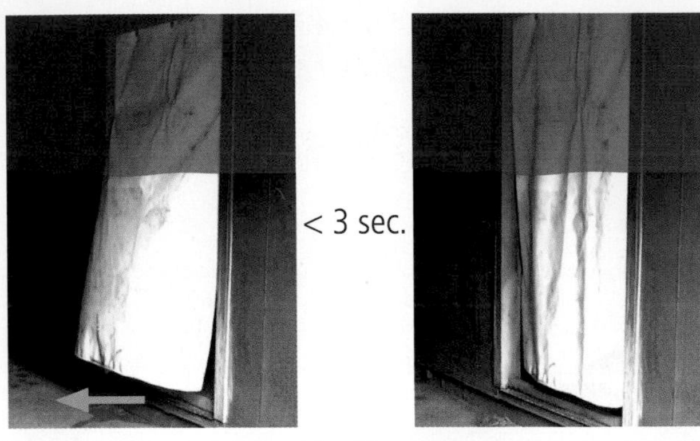

Bild 32: Fall B – nur kurzzeitige Einströmung in den Brandbereich
Das Gewebe bewegt sich kurzzeitig (nur wenige Sekunden) in den Brandbereich hinein, dann hängt es wieder vertikal nach unten und es treten nur noch geringe Mengen an Rauch aus. Dies bedeutet:

- Im Brandraum herrschte ein Unterdruck, welcher die Folge einer Temperaturabsenkung aufgrund eines durch Sauerstoffmangel abklingenden Brandes sein kann (unterventilierter Brand!).
- Die Rauchgase können entzündlich sein, insbesondere wenn hohe Temperaturen im Brandbereich herrschen.
- Daher ist beim Eindringen in den Brandbereich erhöhte Vorsicht geboten. Es besteht die Gefahr einer Reaktion des Brandrauches (Rauchgasdurchzündung oder Rauchgasexplosion).
- Rauchgase daher kühlen und mit Wasserdampf inertisieren.

Bild 33: Fall C – nur kurzzeitige Abströmung aus dem Brandbereich
Das Gewebe bewegt sich kurzzeitig (wenige Sekunden) aus dem Brandbereich heraus, dann hängt es wieder vertikal nach unten und es treten nur noch geringe Mengen an Rauch aus. Dies bedeutet:

- Im Brandraum herrschte ein Überdruck, welcher eher auf einen sich entwickelnden Brand hindeutet.
- Die Rauchgase können entzündlich sein, insbesondere wenn hohe Temperaturen im Brandbereich herrschen.
- Rauchgase ggf. kühlen und mit Wasserdampf inertisieren.
- Die (vermutlich eher kleinere) Brandstelle zügig ablöschen.

Bild 34: Fall D – dauerhafte Abströmung aus dem Brandbereich

Das Gewebe bewegt sich *dauerhaft* aus dem Brandbereich heraus. Dauert diese Strömung länger als ein paar Sekunden, so ist dies nur möglich, wenn eine Einströmung in den betreffenden Bereich vorhanden ist. Strömt Frischluft in den Brandbereich hinein (durch ein Fenster!? Wind!?), kann dies den Brand erheblich verstärken. Brandrauch wird sich im Gebäude ausbreiten und kann ggf. andere Menschen gefährden (und bei verrauchtem Treppenraum die Situation eskalieren lassen). Dies bedeutet:

- Die Zugangstür sollte wieder geschlossen werden, damit die Veränderung der Lage mit dem Einheitsführer abgestimmt werden kann.
- Die Priorisierung der Aufgabenerledigung (Brandbekämpfung und Menschenrettung im Brandbereich oder Menschenrettung aus dem Gebäude über noch unverrauchte Rettungswege) muss vom Einheitsführer bzw. Einsatzleiter getroffen werden.
- Alternativen Angriffsweg (über Balkontür) oder alternative Löschmethoden (z. B. Fognail) prüfen.
- Ansonsten: mit optimiertem Lüftereinsatz (vor Gebäudeeingang und vor Eingangstür) die Strömungsrichtung umkehren.

7 Einsatzbeispiele

Aufgrund der fast flächendeckenden Verfügbarkeit von mobilen Rauchverschlüssen bei den Feuerwehren im deutschsprachigen Raum liegen hier mittlerweile nahezu überall Einsatzerfahrungen vor. Nachstehend sollen nur wenige exemplarische Einsatzbei-

Bilder 35a–b: Vorführung des mobilen Rauchverschlusses an der mobilen Wärmegewöhnungsanlage des Landkreises Mettmann;
a) keine Rauchausbreitung bei eingebautem Rauchverschluss,
b) ausströmender Brandrauch nach Abbau des Rauchverschlusses.

spiele herausgegriffen werden, um die Vielzahl der Anwendungsfälle darzustellen.

Während der Entwicklung des Rauchverschlusses wurden umfangreiche Versuche an verschiedenen Brandübungsanlagen durchgeführt (Bilder 35a und b). Dabei konnten wichtige Erkenntnisse über die grundlegenden Eigenschaften und Anforderungen an mobile Rauchverschlüsse gewonnen werden.

Fotos aus realen Einsätzen sind in den Bildern 36 bis 42 dargestellt. Weitere Einsatzbeispiele sind auch in [13, 14] enthalten sowie auf der Internetseite *www.rauchverschluss.de.*

Bilder 36a–b: Brand eines Wäschetrockners am 3. November 2005 in Göppingen. Durch den mobilen Rauchverschluss wurde eine Rauchausbreitung vom Wasch- und Trockenraum auf den angrenzenden Flur verhindert.

Bilder 37a–d: Brand eines Kinderzimmers am 6. Februar 2006 in Heilbronn. Das Zimmer ist völlig ausgebrannt, der Flur durch Rauch und Hitze stark beschädigt. Durch den mobilen Rauchverschluss konnte der Treppenraum vollständig geschützt werden.

Bilder 38a–d: Kellerbrand am 13. April 2007 in Ratingen. Der Brand konnte von der Feuerwehr zügig gelöscht werden. Der mobile Rauchverschluss verhinderte die Rauchausbreitung auf den Vorraum, hierdurch konnte der Rauchschaden auf den Brandraum begrenzt werden.

Bilder 39a–d: Wohnungsbrand am 24. August 2007 in Bad Mergentheim. Der Treppenraum konnte mit dem mobilen Rauchverschluss komplett rauchfrei gehalten werden, somit wurde die Evakuierung des Gebäudes während des Löscheinsatzes nicht gefährdet. Mit den Fotos, die nach der Entfernung des Rauchverschlusses gemacht wurden, lässt sich dessen Wirkung eindrucksvoll belegen.

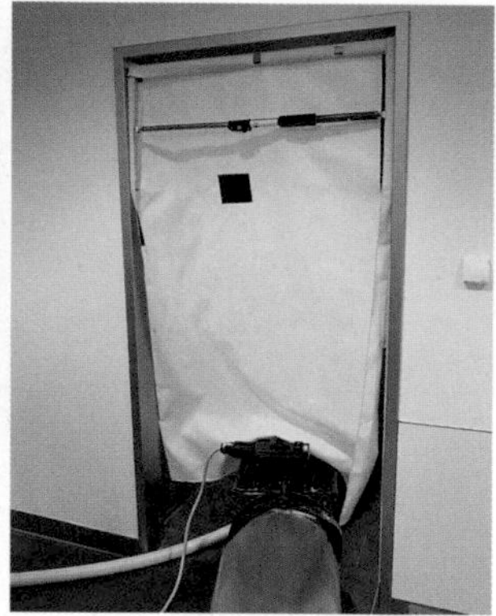

Bilder 40a–c: Brand am 5. August 2010 in der radiologischen Abteilung eines Krankenhauses in Bad Wildbad. Um eine Rauchausbreitung innerhalb der Klinik zu vermeiden, wurde die Zugangstür zum Brandraum mit einem mobilen Rauchverschluss verschlossen. Die Rauchgase wurden mit einem Be- und Entlüftungsgerät über einen Folienschlauch gezielt ins Freie abgeleitet.

Bilder 41a–b: Wohnungsbrand am 14. Mai 2014 in Mödling (Österreich). Trotz des ausgedehnten Brandes konnte der mobile Rauchverschluss die Rauchausbreitung weitgehend verhindern.

Bilder 42a–d: Kellerbrand am 15. August 2014 in Göppingen. Hier kam es durch den Brand von Dämmstoffen zu einer erheblichen Rauchentwicklung. Durch den mobilen Rauchverschluss konnte die Verrauchung des Treppenraumes verhindert und die Gefahr für weitere Menschen im Gebäude während der Brandbekämpfung abgewendet werden.

Die vorstehenden Bilder zeigen deutlich, wie bei diesen Einsätzen die Rauchausbreitung durch Verwendung des mobilen Rauchverschlusses reduziert und damit enorme Sachschäden verhindert werden konnten. Eine Auswertung der bayerischen Versicherungskammer [15] hat ergeben, dass bei genauer untersuchten realen Brandeinsätzen der einmalige Einsatz eines mobilen Rauchverschlusses Sachschäden von bis zu 15 000 Euro verhindern konnte.

Darüber hinaus wurde aus zahlreichen Einsätzen berichtet, dass durch den Einsatz des mobilen Rauchverschlusses die **Menschenrettung** erheblich erleichtert bzw. unter Umständen sogar erst ermöglicht wurde.

Aus Dortmund wurde von einem Kellerbrand am 6. November 2008 berichtet, bei dem die Feuerwehr 41 Personen über den Treppenraum in Sicherheit bringen konnte, obwohl dieser bei Eintreffen der Feuerwehr bereits stark verraucht war. Auch hier hat der mobile Rauchverschluss durch die Abtrennung des Brandbereichs vom Treppenraum die Einsatzlage deutlich entschärft und letztlich zur erfolgreichen Menschenrettung erheblich beigetragen.

Am 14. Januar 2009 kam es in Bad Harzburg zu einem Gebäudebrand, bei dem die Feuerwehr zwei Kinder gerade noch rechtzeitig aus dem brennenden Gebäude retten konnte [16]. Zur Abtrennung des Treppenraums von der brennenden Wohnung setzte die Feuerwehr einen mobilen Rauchverschluss ein. Die Eingangstür zur Brandwohnung brannte im Einsatzverlauf durch und der mobile Rauchverschluss wurde der Brandeinwirkung voll ausgesetzt. Aufgrund des eingebauten mobilen Rauchverschlusses blieb der Treppenraum jedoch noch so lange nutzbar, dass hierdurch die Rettung eines Kindes durch die Einsatzkräfte der Feuerwehr ermöglicht wurde. Das Ablösen des Brandschutzgewebes vom Metallrahmen bei dieser extremen Brandbelastung führte letztlich zur Weiterentwicklung des mobilen Rauchverschlusses in Form einer zusätzlichen mechanischen Befestigung zwischen Gewebe und Metallrahmen. Durch Brandversuche [14] wurde nachgewiesen, dass mit dieser Verbesserung ein Ablösen des Gewebes von der Metallstange auch bei voller Brandbeanspruchung nicht mehr zu erwarten ist.

Diese und zahlreiche weitere vergleichbare Einsätze sind auf der Internetseite *www.rauchverschluss.de* aufgelistet.

8 Erweiterte Anwendungsmöglichkeiten

8.1 Schwarz/Weiß-Trennung

Im Gefahrstoffeinsatz wird meist durch entsprechendes Absperrmaterial eine Grenze zwischen kontaminierten und sauberen Bereichen gezogen. Beim Verlassen des verschmutzten Bereichs wird eine entsprechende Dekontamination durchgeführt. Hier bezweifelt niemand die Notwendigkeit, diese Grenze für alle Einsatzkräfte optisch klar erkennbar machen zu müssen.

Eigentlich unverständlich ist daher, dass im Brandeinsatz nicht auch generell eine Schwarz/Weiß-Abgrenzung getroffen wird. Dies liegt wohl leider auch daran, dass sich diese Schwarz/Weiß-Grenze während des Einsatzes verändert. Ist zunächst nur der Brandraum betroffen, wird durch das Versagen von Bauteilen oder durch das Öffnen von Türen (leider auch durch Einsatzkräfte!) der kontaminierte Bereich immer größer. Eine kritische Betrachtung der Maßnahmen der Feuerwehr und auch der Art und Weise, wie diese durchgeführt werden (z. B. das Ausräumen eines ausgebrannten Zimmers und der Abtransport von Brandschutt), macht deutlich, dass eine funktionierende Schadensminimierung alle Tätigkeiten der Feuerwehr vom Eintreffen bis zu deren Abrücken von der Einsatzstelle einbeziehen muss. Wer glaubhaft Schadensminimierung betreiben will, kommt daher um eine klare

Schwarz/Weiß-Trennung bei Brandeinsätzen in Gebäuden nicht umhin.

Eine Schwarz/Weiß-Grenze im Brandeinsatz kann jedoch wie in anderen Bereichen nur dann funktionieren, wenn diese auch hier optisch klar erkennbar ist. Das Einspannen eines mobilen Rauchverschlusses in einen Türrahmen ist hierfür eine geeignete Möglichkeit. Aufgrund der Abgrenzung, die zwar leicht zu überwinden ist, andererseits aber auch eine »psychologische Hürde« darstellt, wird die Zahl der Ein- und Austritte in den verschmutzten Bereich reduziert.

Merke:
Eine Schwarz/Weiß-Grenze kann von den Einsatzkräften nur dann respektiert werden, wenn sie von den Führungskräften klar festgelegt und für alle von Anfang an deutlich erkennbar dargestellt wird.

Ein- und Austritte aus dem verschmutzten Bereich werden reduziert, wenn

- Einsatzkräfte das Tuch des mobilen Rauchverschlusses nur kurz anheben, um von sicherer Stelle aus einen Blick in den Brandraum zu werfen.
- Brandschutt und Schuttmulden unter dem Rauchverschluss hindurch geschoben und dann von einem anderen Trupp übernommen werden.
- Neben den Einsatzkräften der Feuerwehr auch andere Personen die Bereiche erkennen können, die nach einem Einsatz immer noch sauber sein sollen.

Bild 43: Schwarz/Weiß-Grenze auch für andere Personen erkennbar markieren: Unnötige Ein- und Austritte in den kontaminierten Bereich werden durch einen mobilen Rauchverschluss vermieden – eine auch für andere Personen klar erkennbare und verständliche Abgrenzung zum verschmutzten Bereich.

In Bild 43 ist zu erkennen, dass die Abgrenzung durch einen mobilen Rauchverschluss auch von anderen am Einsatzgeschehen beteiligten Personen respektiert wird.

Auch wenn eine klare Schwarz/Weiß-Trennung nicht immer übergangslos möglich ist, kann durch den Einsatz von zwei mobilen Rauchverschlüssen hintereinander eine Ausbreitung von Brandrauch und Kontamination vermieden werden. Dies ist im Bild 44 dargestellt. Der Brandraum (schwarz) ist vom Flur (grau) und dieser wiederum vom Treppenraum (weiß) durch jeweils einen mobilen Rauchverschluss abgetrennt.

Bild 44: Schwarz/Weiß-Grenze im Brandeinsatz. Durch den Einsatz von zwei mobilen Rauchverschlüssen hintereinander wird neben dem Brandraum (schwarz) ein Vorraum (grau) vom sauberen Bereich (weiß) abgetrennt.

8.2 Rauchverschluss als »Staubabtrennung«

Insbesondere bei Schwelbränden in Wandkonstruktionen muss die Feuerwehr auch in bewohnten und voll eingerichteten Räumen Stemmarbeiten durchführen. Handwerker würden hier Vorsorge zu treffen haben, damit nicht unnötiger Schaden durch den hierbei entstehenden Staub und Dreck verursacht wird.

Häufig rechtfertigt es auch der Zeitdruck bei einem Feuerwehreinsatz nicht, vergleichbare Arbeiten ohne ausreichende Vorsorge zur Schadensbegrenzung durchzuführen. Hierzu gehört das Wegräumen oder Abdecken empfindlicher Gegenstände (z. B. elektronische Geräte), aber auch die Vermeidung der Staubausbreitung auf nicht betroffene Räume. Hier kann wie beim Brandeinsatz durch den Einsatz von Ventilatoren eine gezielte und klar

Bild 45: Rauchverschluss als »Staubabtrennung«. Bei Abbruch- und Stemmarbeiten (hier: Brand von Holzbalken in der Zwischenwand) verhindert der mobile Rauchverschluss die Ausbreitung von Staub im Gebäude.

definierte Luftströmung im Gebäude erzeugt werden. Auch durch die Verwendung eines mobilen Rauchverschlusses verbleibt der von der Feuerwehr verursachte Staub und Dreck weitgehend im betroffenen Raum (Bild 45). Eine Kombination beider Maßnahmen (Belüftungsgerät und mobiler Rauchverschluss) wird sicherlich das beste Ergebnis liefern.

Das Schließen von Türen (soweit vorhanden) ist hier meist nicht ausreichend, da es oft erforderlich ist, dass das ausgebrochene Material und der Bauschutt aus dem Gebäude herausgetragen werden.

8.3 Hilfsmittel für die Überdruckbelüftung

Bei der Überdruckbelüftung ist es hilfreich, die Rückströmung im oberen Bereich der Zuluftöffnung zu verhindern. Kann der Überdruckbelüfter jedoch nicht weit genug entfernt aufgestellt werden, wird der Luftkegel die Tür im oberen Bereich nicht abdecken, die Überdruckbelüftung wird dadurch nicht effizient sein. Durch Schließen der Tür im oberen Bereich mit einem mobilen Rauchverschluss lässt sich diese Situation auf einfache Art und Weise verbessern (Bild 46). Eine andere Situation ist in den Bil-

Bild 46: Begrenzte Platzverhältnisse vor einer Hauseingangstür. Bei einem Wohnungsbrand am 2. Dezember 2008 in Ebersbach konnte das Belüftungsgerät nur etwa einen Meter vor der Eingangstür aufgestellt werden. In Kombination mit dem mobilen Rauchverschluss konnte dennoch eine effektive Belüftung des Gebäudes erreicht werden.

Bild 47: Stufen vor einem Gebäudeeingang: Bei Verwendung eines mobilen Rauchverschlusses kann der Überdruckbelüfter näher an der Eingangstür platziert werden und erzielt dadurch eine größere Wirkung. Hierbei wird der Rauchverschluss in der oberen Türhälfte montiert und das Tuch über die Spannstange gehängt.

dern 47 und 48 dargestellt. Aufgrund der Stufen vor der Eingangstür und des Höhenversatzes lässt sich kein optimaler Standort für das Belüftungsgerät finden. Der Ventilator müsste eigentlich relativ weit entfernt positioniert werden. Hierdurch sinkt jedoch seine Leistung, da ein großer Teil der Luftströmung nicht die Türöffnung trifft und dadurch »verloren geht«. Durch den Einsatz des mobilen Rauchverschlusses kann das Belüftungsgerät näher an die Eingangstür gebracht werden, dadurch wird die Belüftungsmaßnahme effektiver.

Bild 48: Stufen vor einem Gebäudeeingang: Bei Verwendung eines mobilen Rauchverschlusses kann der Lüfter sogar unmittelbar vor der Tür aufgestellt werden. Dadurch erreicht er eine deutlich größere Wirkung.

Sofern der Standort direkt vor der Eingangstür nicht den weiteren Verlauf des Feuerwehreinsatzes behindert, kann das Belüftungsgerät bei Verwendung eines mobilen Rauchverschlusses – wie im Bild 48 dargestellt – unmittelbar auf dem Treppenpodest positioniert werden.

Beim Einsatz von Belüftungsgeräten innerhalb von Gebäuden (insbesondere bei Injektor-Lüftern, siehe hierzu auch die Ausführungen im Kapitel 2.3) kann sich aus dem oberen Bereich der Tür

Bild 49: Beim Einsatz von Lüftern (insbesondere Injektor-Lüftern) in Gebäuden wird häufig erst Brandrauch aus dem oberen Türdrittel herausgedrückt. Dies ist regelmäßig bei stärkeren Bränden oder bei geringer Abluftfläche der Fall. Hier ist daher der Einsatz eines mobilen Rauchverschlusses immer sinnvoll.

eine Rückströmung ergeben, hier kann eine erhebliche Menge an Brandrauch austreten. Um dies z. B. beim Einsatz eines Belüftungsgerätes auf einem Treppenpodest innerhalb eines Gebäudes zu verhindern, kann – wie im Bild 49 dargestellt – ein mobiler Rauchverschluss eingesetzt werden. Hierdurch wird eine Rückströmung über die obere Türhälfte verhindert und die Zuluft strömt am Boden in den Brandbereich ein.

Belüftungsversuche mit mobilen Rauchverschlüssen in der Eingangstür zu einem Gebäude ergaben im Jahr 2011 [17], dass hierdurch die Druckdifferenz zwischen dem Treppenraum und den Stockwerksbereichen deutlich gesteigert werden kann. Als Begründung hierfür wird genannt, dass der kreisförmige Luftkegel des Belüftungsgerätes dann geometrisch besser zur Zuluftöffnung passt. Als wesentliche Erkenntnisse lassen sich aus diesen Versuchen folgende Aussagen ableiten:

– Durch den Einbau eines mobilen Rauchverschlusses in der Zuluftöffnung (siehe Bild 50) kann die erzeugbare Druckdifferenz im Gebäude um rund 50 Prozent gesteigert werden. Die lichte Höhe der Zuluftfläche beträgt dann in der Regel rund 1,5 Meter und der Abstand des Lüfters zur Eingangstür sollte (bei Auf-

Bild 50: Ein mobiler Rauchverschluss steigert die Druckdifferenz um bis zu 50 Prozent, der optimale Lüfterabstand beträgt dann rund 1,5 m (empfohlener Lüfterabstand = Höhe der Zuluftöffnung).

Bild 51:
Zwei mobile Rauchverschlüsse steigern die Druckdifferenz um bis zu 100 Prozent, der optimale Lüfterabstand beträgt dann rund 1,0 m (empfohlener Lüfterabstand = Höhe der Zuluftöffnung).

stellfläche auf dem Niveau der Eingangsöffnung) ebenfalls rund 1,5 Meter betragen.

- Durch den Einbau von zwei mobilen Rauchverschlüssen in der Zuluftöffnung (siehe Bild 51) kann die erzeugbare Druckdifferenz im Gebäude um rund 100 Prozent gesteigert werden. Die lichte Höhe der Zuluftfläche beträgt dann in der Regel rund ein Meter und der Abstand des Lüfters zur Eingangstür sollte (bei Aufstellfläche auf dem Niveau der Eingangsöffnung) ebenfalls rund ein Meter betragen.
- Als Lüfterabstand wird jeweils die Höhe der Zuluftöffnung empfohlen.

8.4 Hilfsmittel für die Entrauchung innenliegender Räume

Brände in innenliegenden Räumen können erhebliche Rauchgasmengen freisetzen – auch wenn diese Brände bei Sonderbauten aufgrund der häufig vorhandenen Brandmeldetechnik frühzeitig erkannt werden. Während der Brandbekämpfung sollte auch hier die Rauchausbreitung unbedingt minimiert werden. Ein mobiler Rauchverschluss in der Zugangstür zum Brandraum kann hierbei wertvolle Hilfe leisten.

Bei der Brandbekämpfung und insbesondere nach dem Ablöschen des Brandes sollte der Feuerwehr eine Rauchableitung aus dem Gebäude gelingen, bei der eine Verrauchung weiterer Räume vermieden wird. Hierzu kann idealerweise ein Be- und Entlüftungsgerät eingesetzt werden. Der Brandrauch wird hierbei mit einer Sauglutte angesaugt und über die Drucklutte ins Freie abgeleitet. Vor und auch während dieses Absaugvorganges sollte möglichst keine Rauchausbreitung durch die Zugangstür stattfinden. Außerdem sollte während der gesamten Belüftungsmaßnahme ein relativer Unterdruck im Brandraum herrschen, sodass die Luftströmung aus allen angrenzenden Räumen in den Brandraum gerichtet ist. Hierfür eignet sich ebenfalls der Einsatz eines mobilen Rauchverschlusses in der Zugangstür. Dieser reduziert das unkontrollierte Abströmen von Brandrauch durch die Tür und stellt letztlich auch einen Strömungswiderstand dar, durch den ein relativer Unterdruck zwischen dem Brandraum und den angrenzenden Räumen erzeugt wird. In den Bildern 52a–b ist ein Einsatz in der Universitätsklinik Würzburg dargestellt, bei dem dieses Vorgehen erfolgreich umgesetzt wurde.

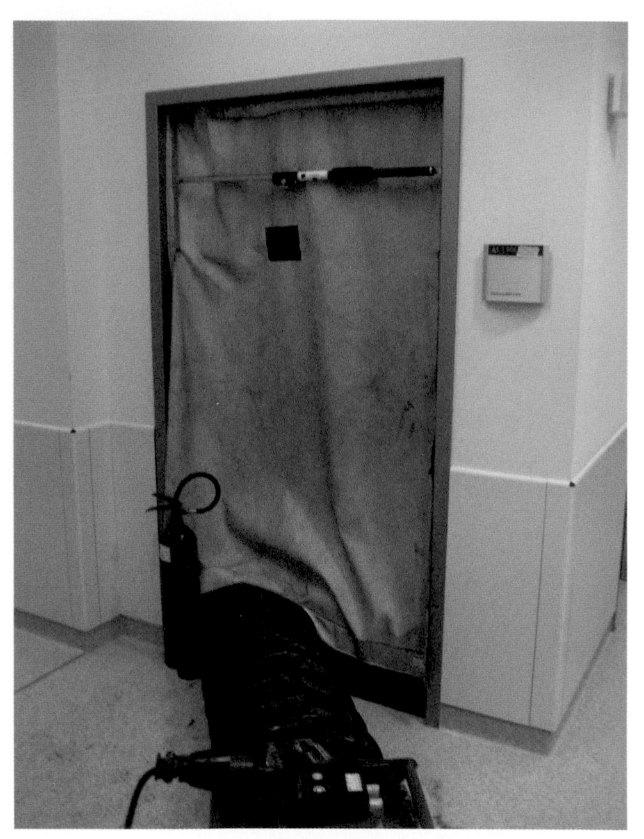

Bilder 52a–b: Brand in der Universitätsklinik Würzburg am 26. Oktober 2009. Beim Brand eines innenliegenden Raumes wurde die Entrauchung mit einem Be- und Entlüftungsgerät durchgeführt, während ein Rauchaustritt aus der Eingangstür mit einem mobilen Rauchverschluss verhindert wurde.

Bild 52b

9 Zusammenfassung

9.1 Neuer Einsatzgrundsatz

Bei der Verfügbarkeit eines mobilen Rauchverschlusses mit den in diesem Roten Heft dargestellten Eigenschaften sollte folgender Einsatzgrundsatz berücksichtigt werden:

Eine Tür zu einem vom Brand betroffenen Bereich wird erst dann geöffnet, wenn ein »Rauchverschluss« eingebaut ist. Sofern dies bei einer Menschenrettung nicht vom ersten Angriffstrupp geleistet werden kann, ist dies vom nächsten verfügbaren Einsatztrupp (bzw. vom Sicherheitstrupp) zu erledigen.

Hierbei muss durch den Einsatzleiter im Rahmen seiner Einschätzung der Gefährdungslage berücksichtigt werden, welche Chance einer erfolgreichen Menschenrettung innerhalb einer in Brand geratenen Nutzungseinheit beigemessen wird und welche Gefährdung durch einen gegebenenfalls erst durch den Einsatz der Feuerwehr verrauchten Treppenraum entsteht. Dies ist sicherlich nicht immer einfach. Durch den Einsatz eines Rauchverschlusses ergeben sich hierfür jedoch bei sehr geringem Aufwand vielfältige weitere Möglichkeiten.

9.2 Einsatztaktik

Um die Vorteile des mobilen Rauchverschlusses ohne Zeitverzug nutzen zu können, bietet es sich an, den mobilen Rauchverschluss beim Innenangriff standardisiert vorzunehmen. Bei einem aus drei Einsatzkräften bestehenden Angriffstrupp dürfte dies in der Regel kein Problem sein. In den allermeisten Fällen werden dem ersten Angriffstrupp jedoch nur zwei Personen zugeordnet, sodass im Hinblick auf die Leistungsfähigkeit dieses Trupps die standardisierte Vornahme von Geräten gegeneinander abgewogen werden muss. Bei Verwendung von Schlauchtragekörben besteht die Möglichkeit, den mobilen Rauchverschluss unmittelbar daran zu befestigen. Feuerwehren, die von den Vorteilen dieses Gerätes überzeugt sind, haben diese Vorgehensweise gewählt und nehmen die Mehrbelastung aufgrund des erhöhten Gewichtes in Kauf.

Da der Einsatz des mobilen Rauchverschlusses im Hinblick auf die Menschenrettung aus oberen Stockwerken verständlicherweise im unteren Teil des Gebäudes am wichtigsten ist, wird es in vielen Fällen auch zumutbar sein, das Gerät vor dem Öffnen einer Tür separat zu holen. Bei größerer Entfernung zwischen Hauseingang und Aufstellort des Fahrzeuges ist es auch vielfach üblich, dass dem Angriffstrupp weitere Gerätschaft am Verteiler bzw. am Hauseingang oder gar an der Rauchgrenze bereitgelegt wird.

Sofern bei einer Feuerwehr davon ausgegangen werden kann, dass ein zweiter Angriffstrupp mit nur geringem zeitlichen Abstand zum ersten zur Verfügung steht, kann die Vornahme und Montage des mobilen Rauchverschlusses auch vom zweiten

Trupp übernommen werden. Je größer jedoch der zeitliche Abstand zwischen diesen beiden Trupps ist, desto weniger empfehlenswert dürfte diese Vorgehensweise sein. Andererseits ist ein Rauchverschluss, welcher eine Minute nach der Türöffnung montiert wird, immer noch besser, als wenn dies während des gesamten Einsatzes gar nicht geschieht.

Einem Sicherheitstrupp sollte grundsätzlich keine unmittelbare Aufgabe zugeordnet werden, die seine stetige und unverzügliche Einsatzbereitschaft gefährdet. Daher sollten an Aufgaben, die dem Sicherheitstrupp zugeordnet werden, sehr strenge Anforderungen gestellt werden. Sind jedoch noch Menschen in einem brennenden Gebäude oder ist der Treppenraum in Gefahr, dürfte der Sicherheitstrupp regelmäßig zum zweiten Angriffstrupp werden. Auch ist hierbei zu berücksichtigen, dass ein **rauchfreier Rettungsweg** (Hauseingang, Treppenraum und Flur) die **Sicherheit der Einsatzkräfte** nachhaltig verbessert. Durch verrauchte Rückzugswege ist es in der Vergangenheit bereits zu schweren Dienstunfällen gekommen, dieser Punkt darf daher nicht unterschätzt werden.

Feuerwehren, welche die Aufgabe der »Rauchkontrolle« bzw. »Ventilation« vordefiniert einem bestimmten Trupp zugeordnet haben, können den mobilen Rauchverschluss auch als sinnvolle Ergänzung zur Überdruckbelüftung einsetzen. Hierbei ist jedoch zu beachten, dass die Einsatzkräfte, die für die Ventilation zuständig sind und dafür in der Regel das Überdruckbelüftungsgerät einsetzen, meist nicht mit umluftunabhängigem Atemschutz ausgerüstet sind. Sofern der Treppenraum bereits verraucht ist oder durch die Zugangstür Brandrauch austritt, darf daher nur mit entsprechender Schutzausrüstung vorgegangen werden.

In Einsatzsituationen, in denen aufgrund des Versagens einer Tür (z. B. durch Brandeinwirkung zerstörtes Türblatt) oder aufgrund von baulichen Mängeln (z. B. fehlende Brandschutztür zwischen Treppenraum und Kellergeschoss) eine **Menschenrettung über den Treppenraum** im Brandfall nicht mehr möglich ist, kann der Verschluss der Türöffnung durch den **Einsatz von zwei mobilen Rauchverschlüssen** entsprechend Bild 24 Menschenleben retten. **Diese einsatztaktische Möglichkeit sollte dem verantwortlichen Einsatzleiter in jedem Fall zur Verfügung stehen.**

9.3 Vorteile für die von einem Brand Betroffenen

Im Hinblick auf den bei einem Brand eingetretenen Sachschaden muss häufig festgestellt werden, dass der durch die Rauchausbreitung entstandene Schaden von der Feuerwehr völlig unterschätzt wird.

Ein Wohnungsinhaber, der nachdem er einen Zimmerbrand in seiner Wohnung bemerkt, die Zimmertür geschlossen und die Feuerwehr alarmiert hat, würde sich wünschen, dass die Feuerwehr durch ihre Vorgehensweise den Brand- und Rauchschaden auf den betroffenen Raum begrenzt – und einen mobilen Rauchverschluss in die Wohnungseingangstür bzw. in die Tür zum Brandraum einbaut.

Durch zahlreiche Einsätze ist belegt, dass die standardisierte Anwendung von mobilen Rauchverschlüssen durch Einsatzkräfte der Feuerwehr neben erheblichen **Gesundheitsschäden** auch enorme **Sachschäden verhindern** kann. Nicht nur im Geschosswohnungsbau, auch bei modernen Gebäuden mit immer größeren zusammenhängenden Lufträumen ist eine schnelle **Möglichkeit zur Raucheingrenzung** von unschätzbarem Wert. Das einfache Verschließen von Öffnungen zur Verhinderung der Rauch- und Brandausbreitung in Gebäuden ist eine so grundlegende und wichtige Aufgabe, dass eigentlich jede Feuerwehr hierzu die technischen Voraussetzungen haben muss.

9.4 Vorteile für die Feuerwehr

Die Verwendung eines mobilen Rauchverschlusses bringt für die Feuerwehr folgende Vorteile:

- Der Treppenraum **bleibt rauchfrei** und steht daher weiterhin als Rettungsweg für die Selbstrettung zur Verfügung.
- Der Treppenraum **ist schneller zu entrauchen,** sofern er bei Eintreffen der Feuerwehr schon verraucht war.
- Der Treppenraum **kann** ggf. nur bei Einsatz eines Rauchverschlusses **wirksam entraucht werden.** Zum Beispiel immer dann, wenn die Tür zum Brandraum fehlt, sich nicht schließen lässt oder bereits durchgebrannt ist.
- Rauchströmungen in Gebäuden können geblockt werden, dadurch verringert sich die Gefahr für die ansonsten von der Rauchausbreitung betroffenen Personen und auch der Sachschaden.

- Der mobile Rauchverschluss ist ein einfaches Hilfsmittel zur Steigerung der Leistungsfähigkeit einer Belüftungsmaßnahme durch die Feuerwehr.
- Die **Gefährdung der Einsatzkräfte** beim Öffnen von Türen durch mögliche Stichflammen wird **erheblich reduziert.**
- Der Sicherheitstrupp für den eingesetzten Angriffstrupp kann im Treppenraum und damit nahezu unmittelbar vor der brennenden Nutzungseinheit positioniert werden. Dadurch kontrolliert er den Treppenraum und ist im Bedarfsfall schneller beim Angriffstrupp.
- Der Angriffstrupp befindet sich bereits nach dem Verlassen der brennenden Nutzungseinheit hinter dem Rauchverschluss in einem weitgehend sicheren Bereich.
- In besonderen Einsatzlagen (durchbrennende Eingangstür, Windeinfluss usw.) bietet der mobile Rauchverschluss zahlreiche Einsatzmöglichkeiten, welche die Sicherheit der Einsatzkräfte wesentlich verbessern können.
- Beim Öffnen einer Tür kann der Angriffstrupp an der Auslenkung des Gewebes des mobilen Rauchverschlusses einen bevorstehenden gefährlichen Brandverlauf leichter erkennen.

Gerade der letztgenannte Punkt ist für die **Sicherheit der Einsatzkräfte** der Feuerwehr sehr bedeutend. Wird bei einem eingebauten Rauchverschluss die Tür zu einem Brandraum leicht geöffnet, erkennt man durch die Auslenkung des Gewebes sofort welche Luftströmung (Stärke und Richtung) sich dadurch einstellt. Diese Luftströmung kann sich aus Windeinflüssen (bei geöffneter Gebäudehülle), aus mechanischer Ventilation oder durch ein kritisches Stadium des Brandes ergeben. In jedem Fall bedeutet eine **starke Auslenkung des Gewebes** eine verstärkte Ventilation des Brandes und damit eine erhöhte Sauerstoffzufuhr zum Brandherd. Dies deutet auf einen kurz **bevorstehenden extremen Brandverlauf** hin (Anfachen des Brandes durch Wind, Gefahr eines Backdraft usw.). Daher muss die Eingangstür sofort wieder geschlossen werden. Bei der weiteren Brandbekämpfung sollte in dieser Situation darauf geachtet werden, dass keine weitere Sauerstoffzufuhr zum Brandherd stattfindet. Dies kann durch spezielle technische Löschmethoden (FogNail, »Cobra«-Löschsystem) oder durch die Anwendung von zwei mobilen Rauchverschlüssen geschehen. Alternativ kann von außerhalb des Gebäudes eine Abluftöffnung geschaffen bzw. ein Löschangriff von außen eingeleitet werden.

Betrachtet man daher zusammenfassend die Vorteile, Möglichkeiten und Chancen, die sich mit der Verwendung eines mobilen Rauchverschlusses ergeben, dann spricht vieles für die generelle Anwendung im Brandeinsatz.

9.5 Einsatzgrenzen/Gefahren

Bei der Verwendung von mobilen Rauchverschlüssen sind folgende Einsatzgrenzen bzw. Gefahren zu beachten:

- **Brandgase in Gebäuden können immer zündfähig sein.**

Die Unterventilation eines Brandes kann zu verstärkter Bildung von brennbaren Rauchgasen führen. Je weniger Sauerstoff einer Verbrennung zur Verfügung steht, desto zündfähigere Rauchgase werden sich bilden. Dies ist insbesondere dann zu beachten, wenn der Brandbereich durch den Einsatz eines mobilen Rauchverschlusses verschlossen wird, ohne dass zeitgleich bzw. zeitnah eine Abluftöffnung für die gebildeten Brandgase geschaffen wird.

- Die allgemein bekannten **Gefahren beim Öffnen von Türen zu einem Brandraum** (Rauchgasdurchzündung bis hin zum Backdraft – siehe Kapitel 4) sind auch bei Verwendung eines mobilen Rauchverschlusses zu beachten! Das Öffnen von Türen zu Brandräumen ist immer eine gefährliche Angelegenheit. Auch wenn durch das reduzierte Abströmen von Brandrauch aus der oberen Türhälfte die Zuströmung von Frischluft durch die untere Türhälfte in einen Brandraum reduziert wird, kann dadurch das Auftreten einer gefährlichen Rauchgasdurchzündung bzw. eines Backdrafts niemals vollständig ausgeschlossen werden.
- Die Verwendung eines mobilen Rauchverschlusses vor einem Brandraum führt zu einem geringeren Volumenstrom in den Brandbereich, da dieser letztlich einen »Strömungswiderstand« darstellt. Gleichzeitig führt er jedoch zu weniger Verwirbelungen im Brandraum.
- Durch die Lenkung des Frischluftstromes mit einem mobilen Rauchverschluss wird die Belüftung des bodennahen Bereiches tendenziell (auch in der Tiefe des Raumes) positiv beeinflusst, während die Temperaturabsenkung im oberen Raumbereich geringer ausfällt. Der Volumenbereich im Brandraum, in dem es bei den Löscharbeiten eines zunächst unterventilierten Brandes zu einem zündfähigen Brandgas-Luft-Gemisch kommt, dürfte daher geringer sein. Die Gefahr eines extremen Brandverlaufes (zum Beispiel der Fall einer Rauchgasdurchzündung) lässt sich jedoch auch hier in keinem Fall ausschließen.
- Bei starker thermischer Beanspruchung kann ein mobiler Rauchverschluss vom Brand zerstört werden. Wird ein mobiler

Rauchverschluss im unmittelbaren Nahbereich eines Brandes eingesetzt, so ist dieser permanent durch Einsatzkräfte zu kontrollieren bzw. zusätzlich durch Besprühen mit Wasser zu kühlen.

- Starke Luftströmungen innerhalb von Gebäuden können dazu führen, dass ein mobiler Rauchverschluss von Brandrauch unterströmt wird. Diese Gefahr besteht z. B. auch, wenn mehr als nur lauer Wind weht und damit Rauchgasströmungen durch äußere Wettereinflüsse herbeigeführt werden können.

Merke:

- Rauchgase können zündfähig sein!
- Eine »Türöffnung« zu einem Brandraum ist stets eine gefährliche Tätigkeit, insbesondere wenn der Brandraum schlecht ventiliert ist.
- Ein mobiler Rauchverschluss soll das Abströmen von Rauchgasen (z. B. in den Treppenraum) verhindern. Dies ist im Hinblick auf die Personengefährdung im Gebäude und die Rauch- bzw. Schadenausbreitung wohl immer vorteilhaft. Dieser Vorteil bedingt jedoch auch, dass die Rauchgaskonzentration im Brandraum unmittelbar nach der Türöffnung gegebenenfalls zunächst höher bleibt.

10 Ergänzende Hinweise

10.1 Hinweise zu Übungen mit einem mobilen Rauchverschluss

Für Übungen verwendeter Rauch wird meist mit Geräten erzeugt, die eine hierfür geeignete Flüssigkeit verdampfen. Ohne zusätzliche Wärmequelle ist dieser Kunstnebel meist schwerer als Luft, seine Ausbreitung in einem Gebäude ist daher im Vergleich zu realem Brandrauch völlig unterschiedlich. Das physikalische Funktionsprinzip des mobilen Rauchverschlusses liegt jedoch gerade darin, die Ausbreitung des nach oben strömenden Brandrauchs zu verhindern. Dies muss bei der Planung und Beurteilung von Übungen mit einem mobilen Rauchverschluss berücksichtigt werden.

Bei Übungen in Brandübungsanlagen mit realen Brandstellen ist zu beachten, dass dort meist nur Brände mit geringer Energiefreisetzung möglich sind und die baulichen Verhältnisse oft nur kleine Abluftflächen vorsehen. Dies entspricht zwar häufig nicht der Realität an Einsatzstellen, ist jedoch beim Übungsbetrieb so notwendig und auch ausreichend. Die Wirkungsweise des mobilen Rauchverschlusses kann dadurch gegenüber der gewöhnlichen Einsatzpraxis allerdings deutlich reduziert werden.

Brandübungsanlagen, die mit Gas oder mit Feststoff befeuerte Brennstellen haben, sind teilweise mit maschinellen Be- und Entlüftungsgeräten ausgestattet. Auch bei diesen Anlagen kann die Wirkungsweise des mobilen Rauchverschlusses durch die oftmals sehr leistungsfähigen maschinellen Ventilatoren unterlaufen werden.

Werden die vorgenannten Randbedingungen beachtet, macht die Verwendung eines mobilen Rauchverschlusses bei Übungen jedoch schon allein aus Gründen des Trainingseffektes Sinn. Nur was bei Übungen ständig trainiert wird, wird auch in der Einsatzpraxis gelingen.

10.2 Hinweise zu Reinigung und Verschleiß des mobilen Rauchverschlusses

Da der mobile Rauchverschluss im Brandeinsatz an der Rauchgrenze oder gar im verrauchten Bereich eingesetzt wird, folgt daraus die Notwendigkeit einer **gründlichen Reinigung nach jedem Einsatz.** Hierzu sind die Hinweise des Herstellers zu beachten. Aufgrund des Brandschutzgewebes mit seiner spezifischen und temperaturbeständigen Imprägnierung sowie der Verwendung von Glasfasern kommt eine Reinigung in einer Waschmaschine nicht in Betracht. Bei einer Handreinigung wird in der Regel ein mildes Reinigungsmittel zu verwenden sein.

Aufgrund der harten Einsatzbedingungen wird sich zwangsläufig auch ein **Verschleiß des Brandschutzgewebes** ergeben. Kleinere Beschädigungen dürften die Wirkungsweise nur Unbedeutend beeinflussen, bei größeren Beschädigungen ist das Brandschutzgewebe zu ersetzen. Daher sollte ein sehr sorgfältiger Umgang mit dem mobilen Rauchverschluss praktiziert werden, um bei Lagerung, Transport und Anwendung eine Beschädigung des Gewebes zu vermeiden.

10.3 Hinweise zu den dargestellten Ergebnissen aus Brandsimulationsrechnungen

Die in diesem Roten Heft enthaltenen Grafiken zur Rauchausbreitung in Gebäuden sind Ergebnisse aus Brandsimulationsrechnungen, durchgeführt mit dem Rechenprogramm FDS. Dieses in der »NIST Special Publication 1019« [4] beschriebene Programm erlaubt die Definition der Brandquelle und berechnet daraufhin für die definierte Umgebung den Brand- und Verbrennungsablauf, die Luftströmungen und Rauchbewegungen im Gebäude sowie die sich einstellenden Temperaturen (im Luftraum und in den Bauteilen). Die Rechenergebnisse wurden mit dem Programm smokeview grafisch aufbereitet. Dieses Programm ist in der »NIST Special Publication 1017« [5] beschrieben.

11 Literaturverzeichnis

[1] Schröder, H.: Brandeinsatz – Praktische Hinweise für die Mannschaft und Führungskräfte, Rotes Heft Nr. 9, 3. Auflage, Kohlhammer-Verlag, Stuttgart, 2007.

[2] Pulm, M.: Falsche Taktik – Große Schäden, 7. Auflage, Kohlhammer-Verlag, Stuttgart, 2012.

[3] Schmidt, G.; Schlusche, E.: Überdruckbelüftung, Rotes Heft/ Ausbildung kompakt Nr. 203, 3. Auflage, Kohlhammer-Verlag, Stuttgart, 2014.

[4] McGrattan, K.; Forney, G.: Fire Dynamics Simulator (Version 4) – User's Guide, National Institute of Standards and Technology, NIST Special Publication 1019, December 2004.

[5] McGrattan, K.; Forney, G.: User's Guide for Smokeview Version 4 – A Tool for Visualizing Fire Dynamics Simulation Data, National Institute of Standards and Technology, NIST Special Publication 1017, December 2004.

[6] Reick, M.: Mobiler Rauchverschluss für die Feuerwehr – Eine neue Erfindung zur Rauchfreihaltung von Rettungswegen, in: BRANDSchutz/Deutsche Feuerwehr-Zeitung 5/ 2005, S. 351–358.

[7] Helpenstein, J.; Feyrer, J.: Überdruckbelüftung – Einsatztaktik und Gefahrenmomente, in: BRANDSchutz/Deutsche Feuerwehr-Zeitung 12/1997, S. 982–985.

[8] Fleischmann, C.M.: Backdraft phenomena. NIST-GCR-94-646, National Institute of Standards and Technology, Gaithersburg, MD, 1994.

[9] Kunkelmann, J.: Flashover/Backdraft – Ursachen, Auswirkungen, mögliche Gegenmaßnahmen, Forschungsstelle für Brandschutztechnik an der Universität Karlsruhe, 2003.
[10] Gojkovic, D.: Initial Backdraft Experiments, Report 3121, Department of Fire Safety Engineering, Lund University, Sweden, 2000.
[11] NIST, DVD mit Vorträgen »Evaluating Fire Fighting Tactics Under Wind Driven Conditions«, April 2009.
[12] Kerber, S.; Madrzykowski, D.: NIST Technical Note 1629, Fire Fighting Tactics Under Wind Driven Fire Conditions, April 2009.
[13] Reick, M.: Mobiler Rauchverschluss für die Feuerwehr – Praktische Umsetzung einer Idee und erste Einsatzerfahrungen, in: BRANDSchutz/Deutsche Feuerwehr-Zeitung 11/2005, S. 880–884.
[14] Reick, M.: Mobiler Rauchverschluss – Erfahrungen aus dem Einsatzalltag, in: BRANDSchutz/Deutsche Feuerwehr-Zeitung 7/2009, S. 563–569.
[15] Raab, W.: Feuerwehrsponsoring »Mobiler Rauchverschluss«, Schadenprisma – Zeitschrift für Schadenverhütung und Schadenforschung der öffentlichen Versicherer, Heft 4/2008 (siehe auch im Internet unter *www.schadenprisma.de).*
[16] Fricke, U.: Bad Harzburg: dramatische Rettung von zwei Kindern, in: BRANDSchutz/Deutsche Feuerwehr-Zeitung 3/2009, S. 208 ff.
[17] Müller, M.; Reick, M.: Überdruckbelüftung im Treppenraum; Effiziente Ventilation durch optimalen Abstand zum Gebäudeeingang, in: BRANDSchutz/Deutsche Feuerwehr-Zeitung 12/2011, S. 930–933.